# 热工实验教程

黄敏超　胡小平　编著

国防科技大学出版社
长沙

## 内容简介

本书以热工实验基本内容为主，共分5章。第一章是热工基本量的测量，介绍热工基本参数的测量方法及所使用的仪器仪表。第二、三、四章分别介绍具体的工程热力学、传热学、燃烧学实验。对于每个实验，着重于阐明其实验原理、实验装置、实验操作方法和实验数据处理等内容。第五章是测量数据处理，介绍误差分析及数据处理方面的知识。

本书可供高等院校动力类相关专业的本科生或研究生使用，亦可供有关教师、实验技术人员在编写热工实验指导书、安排热工实验时参考。

**图书在版编目(CIP)数据**

热工实验教程/黄敏超，胡小平编著. —长沙：国防科技大学出版社，2009.10(2021.1重印)

ISBN 978-7-81099-704-1

Ⅰ. 热…　Ⅱ. ①黄…　②胡…　Ⅲ. 热工实验-高等学校-教材　Ⅳ. TK122-33

中国版本图书馆CIP数据核字(2009)第182101号

国防科技大学出版社出版发行
电话：(0731)87000353　邮政编码：410073
责任编辑：石少平　　责任校对：王 嘉
新华书店总店北京发行所经销
国防科技大学印刷厂印装

*

开本：787×1092　1/16　印张：9.75　字数：231千字
2009年10月第1版2021年1月第3次印刷　印数：1501-2300册
ISBN 978-7-81099-704-1
**定价：30.00元**

# 前　言

热工实验教程是依据国防科技大学《工程热力学》、《传热学》等本科生课程的新版教学大纲编写的。为了便于教学，把热工实验分成工程热力学实验、传热学实验和燃烧学实验等部分。

本实验教程共分为5章。第一章主要介绍温度、压力、湿度、干度、速度、流量、热量等热工基本量的测量原理、仪表介绍及其使用方法等；第二章是工程热力学实验；第三章是传热学实验；第四章是燃烧学实验；第五章是测量数据处理。

编写本书的目的有两个：第一，作为国防科技大学力学、航空宇航科学与技术、动力工程与工程热物理等学科专业的自编本科生教材之一；第二，可以作为从事热工动力类各专业的教学、科研和工程技术人员的参考书。

自2002年以来，本书的部分章节作为国防科技大学本科生的"工程热力学"、"传热传质与燃烧"等专业基础课的实验教学内容，已得到较好的实际应用。期间，学员对课程教学内容的改进提出许多有意义的建议，作者对此都进行了认真仔细的分析，并在教材中融合了部分有价值的研究论文，最终形成教材的主要内容。

本书第一、二、五章由黄敏超编写，第三、四章由胡小平编写。在本书编写过程中，得到沈赤兵教授和樊忠泽研究员许多有意义的指导，在此表示衷心的感谢。此外，感谢为本书提供各种资料和帮助的其他专家教授们以及参与修改和校对工作的刘泽军、夏晓宇等硕士研究生。在编写过程中，参考了国内外一些教材和文献的内容，在此一并致谢！

由于受时间和作者水平的限制，书中难免疏漏和错误，可能还存在许多不尽如人意的地方，恳请读者们批评指正！以后将更加努力地学习和工作，以使本书的修订趋于完善。

作　者<br>2009年6月

# 目　录

# 第一章 热工基本量的测量

本章主要介绍温度、压力、湿度、干度、速度、流量、热量等热工基本量的测量原理、仪器仪表及使用方法等。

## 1.1 温度的测量

温度是一个很重要的物理量，是国际单位制(SI 制)中 7 个基本量之一。温度检测仪表是热工自动化仪表 5 大类型中最普遍、最重要的一种。研究温度测量的学科称为温度计量学，或称测温学。

本节主要介绍液体膨胀式温度计、热电偶温度计、热电阻温度计等测温仪表的工作原理、基本构造、使用方法等知识。

### 1.1.1 温度测量概述

#### 一、温度计量学简介

温度计量学起源于欧洲，于 17 世纪随着热力学和统计力学的发展而逐渐形成了一门学科。

温度计量学的发展与温度计的出现、改进及温标的演变是密切相关的。

1592 年，意大利科学家伽利略(Galileo Galilei，1564—1642)在一个玻璃球上接一根玻璃管，组成了最简单的空气温度计。这种温度计是开口式的，将它倒置在有颜色的水中，可以利用空气的热胀冷缩现象粗略地观察周围大气温度的变化。

1641 年，意大利的一位科学家首创了一种封口式的玻璃酒精温度计，这是第一支与大气压力无直接关系的温度计。它的出现标志着人类在冷热现象的探索中迈出了重要的一步。

1714 年，德国的华伦海特(Daniel Gabriel Fahrenheit，1686—1736)第一个制造了性能可靠的水银温度计。1724 年，他研制并公布了华氏温标，规定了水冰点(32°F)和水沸点(212°F)。

1730 年，法国的列奥弥尔(René Antoine Ferchault de Réaumur，1683—1757)创设列氏温标，他将水的冰点(0°R)和沸点(80°R)之间划分 80 等份。这是因为他注意到标准浓度的酒精在水的冰点和沸点之间体积从 1000 单位膨胀到 1080 单位。他的温标每度所代表的温升相当于酒精原始体积平均膨胀了千分之一。

1742 年,瑞典学者摄休斯(Anders Celsius, 1701—1744)建立了百度温标(摄氏温标),规定水冰点为 100℃、水沸点为 0℃,中间等分 100 等份。摄休斯去世后,他的助手斯托玛把两个固定点对换,即水冰点为 0℃,水沸点为 100℃,这样就符合了人们的习惯。

1848 年,英国物理学家威廉·汤姆逊(William Thomson, 1st Baron,1824—1907,又名开尔文,Kelvin)根据热力学第二定理和卡诺热循环理论,提出绝对热力学温标(简称绝对温标,又称开氏温标,以 K 表示)。绝对温标与测温物质的性质无关,因而它是一种基本的、科学的温标。

1871 年,西门子制造出第一支铂电阻温度计。1887 年,卡伦德尔提出了卡伦德尔公式,并改进了铂电阻温度计的工艺,同时研制了测温电桥。

1887 年,国际权度委员会(CIPM)通过了将氢温度计的百度温标作为标准温标,这就是最初的国际统一温标。但这个温标存在严重的缺陷,并且仅仅是为了长度、质量这两个基本量的需要。从温度这个基本量的要求来说,应该建立一个既与热力学温标接近,又能方便、准确复现的国际公认温标。

1927 年,第 7 次国际权度大会通过了第一个国际温标,并正式定名为国际温标(ITS-27)。1937 年,成立了温度咨询委员会(CCT)。1954 年,在第 10 次国际权度大会上,确定水的三相点为热力学温标的唯一固定点。

经过第 6 次(1962 年)、第 7 次(1964 年)和第 8 次(1967 年)CCT 会议的讨论,1968 年,通过了国际实用温标(IPTS-68)。

1989 年,通过了 90 温标(ITS-90)。90 温标也是我国现行温标。

目前,华氏温标在欧美使用非常普遍,摄氏温标在亚洲使用较多,列氏温标仅在法国和德国的部分场合使用,而在科学研究中多使用热力学温标(绝对温标)。

## 二、温度与温标

### 1. 温度

温度是表征物体冷热程度的物理量。从微观来看,温度是描述系统不同自由度之间能量分布状况的基本物理量。它标志着物体内部分子无规则运动的剧烈程度,是大量分子热运动的宏观表现。

温度虽然是一个基本物理量,但它不是“广延量”。它与其他物理量如长度、质量不同,人们能确切知道物体的长度、质量相加后的结果,却无法想像温度如何随物质的量而直接相加。因此,应该说温度是一个重要的,但又极其特殊的物理量。正因其特殊,使得温度的数值表示方法显得复杂。

### 2. 温标

用来量度物体温度高低的标尺叫做温度标尺,简称温标。

温标的建立是一个复杂的过程,下面简单介绍温标建立的条件以及几种常用温标。

(1)温标建立的条件

1)固定点

物质不同相之间可复现的平衡温度称为固定点温度,简称固定点。要确定一个温标,首先要选定固定点,一般都是采用纯物质的相平衡温度作为温标的固定点。在选定固定点之后,要规定固定点的温度值,其他温度才能与之比较,以确定其数值。

2)测温仪器(温度计)

选定固定点后,要选定一种测温物质制成的测温仪器,即温度计,作为实现温标的仪器。

3)内插公式

在固定点的温度值确定之后,用来确定任意点温度值的数学关系式称为内插公式。如线性内插公式:

$$t = t_1 + \left( \frac{y - y_1}{y_2 - y_1} \right) ( t_2 - t_1 ) \tag{1.1.1}$$

式中,$t$ 是任一点温度,$y$ 是测温变量,$y_1$、$y_2$ 是固定点对应的测温变量,$t_1$、$t_2$ 是固定点温度。

(2)几种温标

1)经验温标

借助于某物质的物理参量与温度变化的关系,用实验方法或经验公式构成的温标。经验温标有多种,如华氏温标、摄氏温标、列氏温标等。

摄氏温标将一个大气压下纯水的沸点规定为 100 摄氏度(℃),一个大气压下纯水的冰点规定为 0 摄氏度(℃),在 0 到 100 之间划分 100 等份,每一份叫做 1 摄氏度(℃)。

华氏温标将一个大气压下纯水的沸点规定为 212 华氏度(°F),一个大气压下纯水的冰点规定为 32 华氏度(°F),在 32 到 212 之间划分 180 等份,每一份叫做 1 华氏度(°F)。

列氏温标将一个大气压下纯水的沸点规定为 80 列氏度(°R),一个大气压下纯水的冰点规定为 0 列氏度(°R),在 0 到 80 之间划分 80 等份,每一份叫做 1 列氏度(°R)。

2)热力学温标

1848 年,开尔文建立了一种理论温标。根据卡诺定理,一切工作于两个给定热源之间的可逆热机的效率均相等,且仅与这两个热源的温度有关,而与工作物质无关。由此可引入一个与测温物质及其测温属性无关的温标,用来标示热源的温度。它的比值等于可逆热机与这两个热源之间传递的热量之比,即 $Q_2/Q_1 = T_2/T_1$。当传递给低温热源的热量趋于零时,低温热源的温度也趋于一个极限值,即绝对零度。这个温标叫做热力学温标,符号为 $T$,单位是开尔文,简称开(K)。只要再规定一个固定点和分度法,它的定义就完整了。1960 年,国际计量大会决定采用水的三相点为固定点,规定其值为 273.16K。在这种规定下,间隔 1K 等于 1℃。热力学温标的定义式为

$$T = \frac{Q}{Q_1} 273.16 \tag{1.1.2}$$

3)国际温标

随着热力学温标的提出,各国科学家在大力研究以实用温度计传递热力学温标的可

能。其成果表现为1927年拟定的“1927年国际温标”(ITS-1927),其特点是:通过一系列(温度)固定点和固定点间的内插、外推仪器及插值公式,保证本身的复现准确度;能随着技术进步不断改善各种规定,以当时技术能达到的最高准确度逼近热力学温标。

由于定义简单、易于实现、复现性强,国际温标很快为众多国家所接受。经过1948年修订(ITS-1948)、1968年修订(IPTS-1968)、1975年修订,国际实用温标在测温范围的延伸和逼近热力学温标等方面不断完善。直至1989年第27届国际计量委员会(CIPM)通过“1990国际温标”(ITS-1990),从1990年1月1日开始实施。

1990国际温标的特点是:①国际温标同时使用国际开尔文温度($T_{90}$)和国际摄氏温度($t_{90}$),它们的单位分别为开尔文(K)和摄氏度(℃)。②国际温标以一些物质的可复现的平衡态的指定温度值(定义固定点)以及在这些温度值上分度的标准仪器和相应的内插公式(或插值表)为基础。③ITS-1990温标的下限延伸到0.65K,上限延伸到用普朗克辐射定律和单色辐射方法实际可测量的最高温度。④13.8033~273.16K,0~961.78℃用铂电阻温度计插值;961.78℃以上用基于普朗克定律的高温辐射温度计插值。

### 1.1.2 膨胀式温度计

膨胀式温度计是根据物质的热膨胀性质与温度的固有关系来制造的温度计。按工作物质状态的不同,可分为液体膨胀式温度计(如玻璃水银温度计)、固体膨胀式温度计(如双金属温度计)和气体膨胀式温度计(如压力式温度计)三类。下面简单介绍玻璃液体温度计的原理、构造及分类。

#### 一、测温原理

利用感温液体随温度变化而体积发生变化与玻璃随温度变化而体积发生变化之差来测量温度。温度计示值即液体体积与玻璃体积变化的差值。

物质大多具有热胀冷缩的特性。通常,把温度变化1℃所引起的物体体积的变化量与它在0℃时的体积之比称为平均体膨胀系数,用$\beta$表示。当温度由$t_1$变化到$t_2$时,有

$$\beta=\frac{V_{t_2}-V_{t_1}}{(t_2-t_1)V_0} \tag{1.1.3}$$

式中:$V_{t_1}$、$V_{t_2}$——温度分别为$t_1$和$t_2$时工作物质的体积;

$V_0$——工作物质在0℃的体积。

当$t_1=0$℃时,则式(1.1.3)可写为

$$\beta=\frac{V_t-V_0}{V_0 t} \tag{1.1.4}$$

而体积则为

$$V_t=V_0(1+\beta t) \tag{1.1.5}$$

由于温度计的示值实际为液体体积与玻璃体积变化之差,若用$\gamma$表示玻璃的平均体膨胀系数,用$k$表示差值,则

$$k = \beta - \gamma \tag{1.1.6}$$

式中，$k$ 是视膨胀系数，$\beta$ 是液体平均体膨胀系数，$\gamma$ 是玻璃的平均体膨胀系数。

显然，在一般情况下，液体的体膨胀系数远远大于玻璃的体膨胀系数，因此，观察液体体积的变化即可知道温度的变化。

## 二、构造

玻璃液体温度计主要由感温泡、感温液体、毛细管、标尺、安全泡及中间泡等组成，如图 1.1.1 所示。当然，用途不同的温度计其结构也不完全相同。

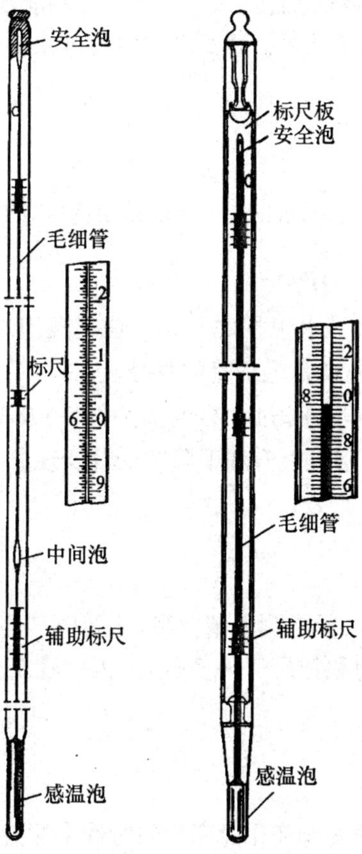


(a)棒式玻璃液体温度计　(b)内标式玻璃液体温度计

图 1.1.1　玻璃液体温度计的结构

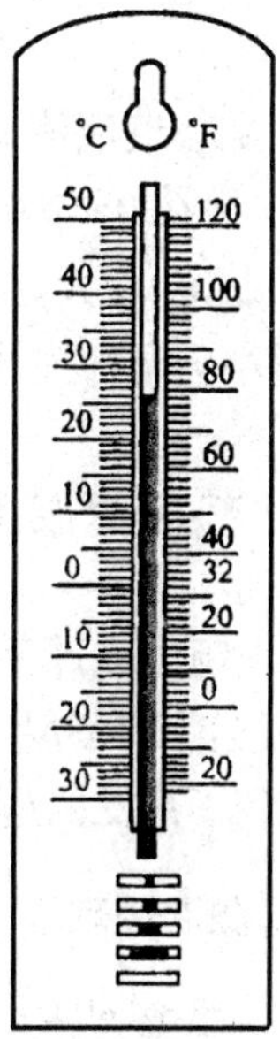


图 1.1.2　寒暑表

## 三、分类

玻璃液体温度计的分类方法很多，主要有以下几类。

(1)按结构分：①棒式温度计：具有厚壁毛细管，直接刻度在玻璃管上。它测温精度高，多用于实验室或作标准传递用，其结构如图 1.1.1(a)所示，是一种带有中间泡及零位线辅助标尺的温度计。②内标式温度计：毛细管贴靠在标尺板上，两者均封装在玻璃管中。多用作生产过程的温度测量，也可作为二等标准温度计，如图1.1.1(b)所示。③外标式温度计：玻璃管贴靠在标尺板上，标尺板不封装于玻璃管中。多用于测量室温，如寒暑表，如图1.1.2所示。这种温度计的标尺板可用塑料、金属、木板等材料制成。

(2)按浸没的方式不同可分为全浸式和局浸式两大类。其中全浸式测量精度较高。

(3)按使用要求不同可分为标准玻璃液体温度计和工作用玻璃液体温度计两大类。其中标准玻璃液体温度计又可分为：①一等标准水银温度计：通常由9支组成，必须制成透明棒式的，在毛细管背后不允许带任何颜色。对于100℃以上的温度计，在其毛细管中要充入惰性气体；100℃以下的温度计的毛细管抽成真空。②二等标准水银温度计：通常由7支组成，可以是棒式的，也可以制成内标式的。棒式的二等标准水银温度计在毛细管后面熔有一条乳白色的釉带。

#### 四、玻璃液体温度计的灵敏度

玻璃液体温度计的灵敏度主要取决于毛细管的直径和感温泡容积的大小。

$$S = \frac{V_0}{D}\alpha_0^{100} \tag{1.1.7}$$

式中，$S$是玻璃液体温度计的灵敏度，即1℃水银柱之长，$V_0$是感温泡在0℃时的容积，$\alpha_0^{100}$是水银在0～100℃的平均体膨胀系数，$D$是毛细管的直径。

可见，$V_0$增大，灵敏度$S$增大，但感温泡$V_0$过大会增加热惰性；$D$减小，则$S$增大，但$D$过小会增加液体运动时的摩擦，造成液柱上升和下降时的跳跃现象。

### 1.1.3 热电阻温度计

热电阻温度计是一种常用的测温仪器，具有测温精度高、性能稳定、灵敏度高、应用范围广、可远距离测温、能实现温度自动控制和记录等许多优点，因此在工业生产和科学实验中得到了广泛的应用。

#### 一、测温原理

热电阻温度计是利用导体的电阻值随温度变化而变化的特性来测量温度的元件或仪器。即电阻值和温度有一一对应的关系，电阻值是温度的单值函数。

不同材料的电阻在不同的测温范围内，其电阻值与温度的关系式有所不同。一般可用下述经验公式表示：

$$R_t = R_0(1 + At + Bt^2 + Ct^3 + \cdots) \tag{1.1.8}$$

式中，$R_t$是某一温度$t$下的电阻值，单位Ω；$t$是被测介质温度，单位℃；$R_0$是0℃时的电阻值；$A$、$B$、$C$是分度常数。

#### 二、热电阻的结构

热电阻主要由热电阻体、绝缘管、保护套管和接线盒等部分组成，如图1.1.3所示。

热电阻体是由电阻丝绕在骨架上构成的，对不同的热电阻，电阻体的结构稍有区别，下面介绍几种普遍的结构形式。

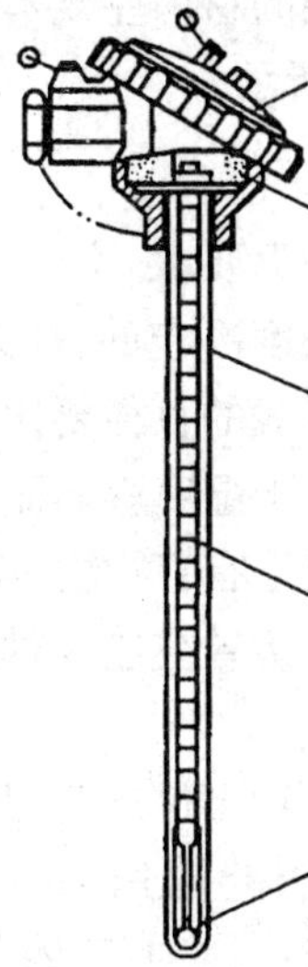


图 1.1.3　热电阻

1. 热电阻的材料

并不是所有的材料都能制作热电阻，对热电阻的材料有如下要求：

(1)有较大的电阻温度系数，电阻温度系数越大，则灵敏度越高；

(2)有较大的电阻率 $\rho$，电阻率越大，则热电阻体积越小，热容量和热惯性越小，反应越迅速、准确度越高；

(3)“电阻－温度”特性好，要求是一条光滑曲线，最好呈线性关系，且电阻与温度必须为单值函数，这样可以便于分度、读数和减小内插误差；

(4)同一材料的复现性好、复制性强，容易得到纯净的物质；

(5)物理、化学性能稳定，不易氧化，不与周围介质发生作用，容易提纯；

(6)价格便宜。

常用的制作热电阻的材料主要有铂和铜，此外还有铁、镍、钨，低温时多用锗、铟、碳和铁铑合金等。

2. 热电阻的骨架

对绕制电阻丝的骨架材料的要求如下：

(1)体膨胀系数小。电阻丝是紧绕于骨架上的，在测温过程中，应使骨架的体膨胀系数等于或接近于电阻丝的体膨胀系数。这样在温度变化时，电阻丝就不会因为骨架的收缩或膨胀而产生应力。

(2)有良好的绝缘性能和足够的机械强度。绝缘不好容易引起漏电，产生误差；机械强度要求能承受一定的振动和冲击。

(3)无腐蚀性且能耐受高温。高温下无挥发，对电阻丝无腐蚀和污染，且在高温下不变形。

骨架的形状主要有平板形、圆柱形和螺旋形3种,其中工业热电阻多采用平板形和圆柱形,一般标准热电阻采用螺旋形。骨架的材料主要有云母、玻璃、陶瓷、有机塑料、石英玻璃等。热电阻的骨架形状如图1.1.4所示。

3. 热电阻的引线

为减小附加电阻的影响,对引线有如下要求。

(1)电阻率小。引线长度是由插入深度决定的,插入越深,则引线越长。因此希望电阻率小,以减小附加电阻的影响。通常引线的直径要比电阻丝的直径大得多。

(2)有较小的电阻温度系数。减小由于温度影响而产生的误差。

(3)化学性能稳定。不发生氧化和产生有害物质,以免影响热电阻的技术性能。

(4)热电势小。引线在与电阻丝或外接导线连接时,不应由于它们之间材料的不同而产生很大的寄生热电势。

一般标准铂热电阻用0.3mm的金线作引出线,工业铂热电阻用直径1mm的银线作引出线,低温下用1mm的铜线作引出线,铜热电阻用1mm的铜线作引出线。工业热电阻的引线一般为三线制,有时为二线制,使用时可接成三线制,以减小测量误差。标准热电阻引线均为四线制,热电阻引线及电阻体结构如图1.1.5所示。

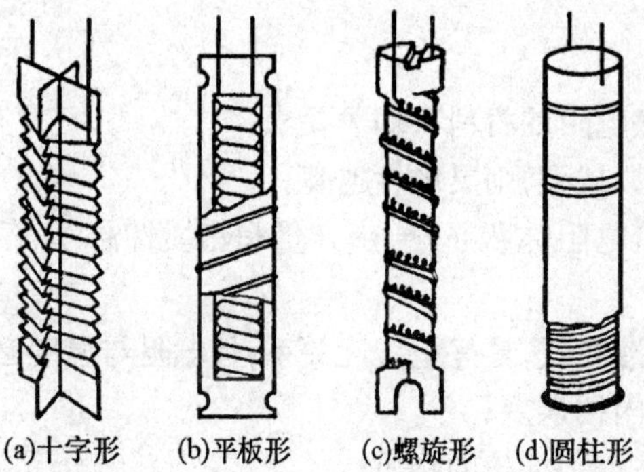

(a)十字形　(b)平板形　(c)螺旋形　(d)圆柱形

图1.1.4　各种热电阻体的骨架形状

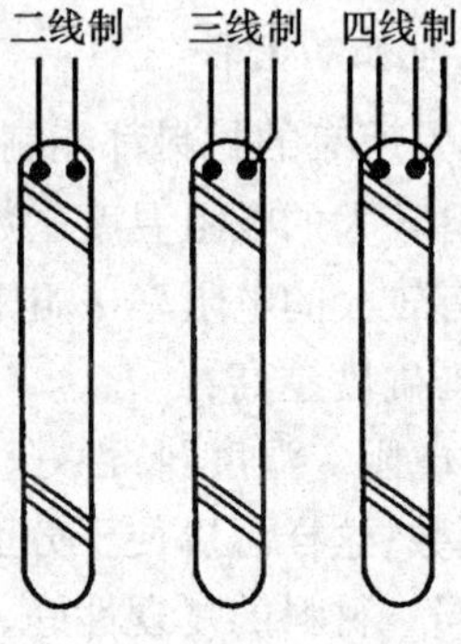


图1.1.5　热电阻引线的几种接法

## 三、热电阻的类型

热电阻有很多种,下面简单介绍几种常见的热电阻。

1. 铂热电阻

一般工业用铂热电阻多采用线径为0.03~0.07mm的纯铂裸丝绕在云母制成的平板形骨架上。云母绝缘骨架的边缘呈锯齿形,铂丝绕制在云母骨架的锯齿形槽内以防铂丝滑动短路,在云母骨架的外侧再套一个具有一定形状的金属器件,以增加铂热电阻的机械强度。铂热电阻有两个输出端点,分别在每一个端点上用0.5mm或1mm的银丝并行引出两根引线(两端共引出四根引线)作为热电阻的电极使用。铂热电阻也可以用石英、陶瓷、玻璃等作为骨架。

在铂热电阻的外部均套有保护套管，以避免腐蚀性气体的侵害和机械损伤。

按目前国内的统一设计标准，工业用铂热电阻的标称电阻值 $R_0$（在 0℃时的电阻值）有 100.00Ω 和 50.00Ω 两种规格，其分度号分别为 Pt100 和 Pt50。

铂热电阻的优点是准确度高、稳定性好、性能可靠；缺点是高温下易被还原性气体污染变脆。

2. 铜热电阻

铂虽然是理想的热电阻材料，但其价格十分昂贵，一般适用于测量精度要求较高的场合。对于一些测量精度要求不高的工业测量，使用廉价的铜热电阻，在一定的温度范围内也能满足测量要求。

铜热电阻的测温范围为 -50～150℃。在此范围内铜热电阻有很好的稳定性。铜材料的电阻温度系数也比较大，其电阻与温度几乎呈线性关系，铜材料也比较容易提纯；但铜材料的电阻率较小，与铂热电阻相比，同样的电阻数值，铜热电阻的体积要大得多。另外，铜材料容易在 100℃以上的高温中被空气氧化而变质，因此铜热电阻仅能在低温和无腐蚀的环境中使用。

按目前国内统一的设计标准，铜热电阻的标称电阻值 $R_0$（在 0℃时的电阻）有 100.00Ω 和 50.00Ω 两种规格，其分度号分别为 Cu100 和 Cu50。

一般铜热电阻是用直径为 0.1mm 的绝缘铜丝按双线无感绕法绕制在圆柱形塑料骨架上。由于铜材料的电阻率较小，绕制热电阻使用的绝缘铜丝较长，往往采用多层绕制。为了防止铜丝的松散，整个电阻体要经过酚醛树脂的浸泡成型处理。其引出线和铂热电阻相似，在每个端点引出两根引线，不过引出线材料是铜而不是银。

铜热电阻的优点是线性度好，容易提纯，用于 -50～+150℃内测温。缺点是在 100℃以上易氧化，只能用于低温及没有腐蚀性的介质中，且铜电阻率小、体积大、热惯性大。

3. 铠装热电阻

铠装热电阻是由感温元件（电阻体）、引线、绝缘材料、不锈钢套管组合而成的坚实体，它的外径一般为 2～8mm。铠装热电阻的感温元件可以是铂丝，也可以是铜丝。与普通型热电阻相比，它的优点是：①体积小、内部无空气隙、热惯性小、测量滞后小；②机械性能好、耐振，抗冲击；③能弯曲、便于安装；④不易被有害介质腐蚀、使用寿命长。

## 四、热电阻的使用注意事项

为了减小误差，提高测量精度，热电阻在使用时应注意以下问题：

1. 自热效应引起的误差

电阻温度计在测量过程中，必然有电流流过电阻感温元件，在电阻体和引线上产生焦耳热，使其温度升高，导致阻值的增加，带来测量误差。

对标准铂电阻温度计，规定工作电流为 1mA，此项误差已修正，可不考虑。

对工业热电阻温度计，为了避免和减小自热效应引起的误差，规定在使用中其工作电流不超过 6～8mA，而在检定中则不超过 1mA。

2. 迟滞带来的影响

由于热电阻温度计的热容量比较大，故其迟滞时间也比较长，所以在使用时一定要注意到热惰性的存在。温度计插入介质后，要给予充分的时间进行热交换，待温度计与介质完全达到热平衡后，方可进行测量，以免将误差带入测量结果。

3. 寄生热电势的影响

产生寄生热电势的原因是，不同金属的连接点上有温差存在。为了减少寄生热电势，制作电桥电阻的材料一般都选用温度系数很小的锰铜或镍铜合金，并且在测量回路中配备热电势补偿器，以抵消寄生热电势的影响。

4. 连接导线温度变化的影响

不论何种材料制成的连接导线，都具有一个电阻温度系数，当周围环境温度变化时，导线电阻自然也会产生变化。为了消除连接导线电阻变化的影响，必须采用三线制接法。如果在测量回路中采用二线制的测量方法，则应考虑对外接导线的电阻值予以修正。

5. 热辐射的影响

热辐射以电磁波的形式传播能量，在传播过程中，不仅要产生能量的转移，同时还伴随着能量形式之间的转化。因此可以说，热辐射也对温度计产生热效应。标准铂电阻温度计在使用时，由于其保护管为透明石英管，故应注意辐射带来的影响。通常都在标准铂电阻温度套管外面涂上一层石墨，或将石英套管的外壁予以喷砂发毛处理，以减小辐射的影响。另外，在使用热电阻温度计测温时，应将温度计插入足够的深度，这样既可以保证感温元件与周围介质能有良好的热交换条件，同时又可限制保护管管壁的热传导和热辐射。只有在正确使用的情况下才能获得准确的测量值。

## 1.2 压力的测量

压力是表征热力过程中工质状态的基本参数之一。压力和温度一样，都是非常重要的测量参数。通过压力测量，还可以监视各种重要压力容器，如锅炉、除氧器、加热器以及管道的承压情况。此外，对汽轮机、水泵、风机等润滑系统油压的监视，可以保障设备的正常运行与润滑。通过差压测量可以了解各流道的阻力及泄漏情况，保障设备安全运转。等等。

本节主要介绍压力测量的一些基本知识以及液柱式压力计、弹性压力表的工作原理、基本构造和使用方法等知识。

### 1.2.1 压力测量概述

#### 一、压力的定义

压力是指物体单位面积上所受到的垂直作用力。在国际单位制中，压力的计量单位是帕斯卡(Pascal),简称帕(Pa),其物理意义是1N的力垂直作用在$1m^2$的面积上所产生的压力。压力的常用单位及其换算关系见表1.2.1。

表1.2.1　压力单位换算关系

| 单　位 | $Pa = N/m^2$ | atm | mmHg = Torr | $mmH_2O = kgf/m^2$ | $kgf/cm^2$(at) | bar | Psia |
|---|---|---|---|---|---|---|---|
| 帕斯卡(Pa) | 1 | $9.869\times10^{6}\approx10^{-5}$ | $7.500\times10^{-3}$ | $0.102\approx10^{-1}$ | $1.02\times10^{-5}\approx10^{-5}$ | $10^{-5}$ | $1.45\times10^{-4}$ |
| 标准大气压(atm) | $1.01325\times10^{5}$ | 1 | 760 | $1.033\times10^{4}\approx10^{4}$ | $1.033\times10^{4}\approx10^{4}$ | $1.013\approx1$ | 14.706 |
| 毫米汞柱(mmHg) | $1.33322\times10^{2}$ | $1.316\times10^{3}$ | 1 | 13.6 | 13.6 | $1.333\times10^{-3}$ | $1.933\times10^{-2}$ |
| 毫米水柱($mmH_2O$) | $9.806375\approx10$ | $0.968\times10^{4}\approx10^{4}$ | $7.36\times10^{-2}$ | 1 | 1 | $9.8037510^{-5}\approx10^{-4}$ | $1.422\times10^{-3}$ |
| 千克力/厘米²(工程大气压 at) | $9.80665\times10^{4}\approx10^{5}$ | $0.968\approx1$ | 736 | $10^{4}$ | $10^{4}$ | $0.980375\approx1$ | 14.217 |
| 巴(bar) | $10^{5}$ | $0.98665\approx1$ | 750 | $1.02\times10^{4}\approx10^{4}$ | $1.02\times10^{4}\approx10^{4}$ | 1 | 14.5 |
| 磅/英寸²(Psia) | $6.895\times10^{3}$ | $6.8\times10^{-2}$ | 51.517 | $7.039\times10^{2}$ | $7.039\times10^{2}$ | $6.895\times10^{-2}$ | 1 |

## 二、绝对压力与表压力的关系

工程中应用压力计测得的压力是表压力,被测实际压力称为绝对压力。工程上习惯于将正的表压力称为压力或正压,负的表压力称为负压或真空。绝对压力与表压力的关系如图1.2.1所示。

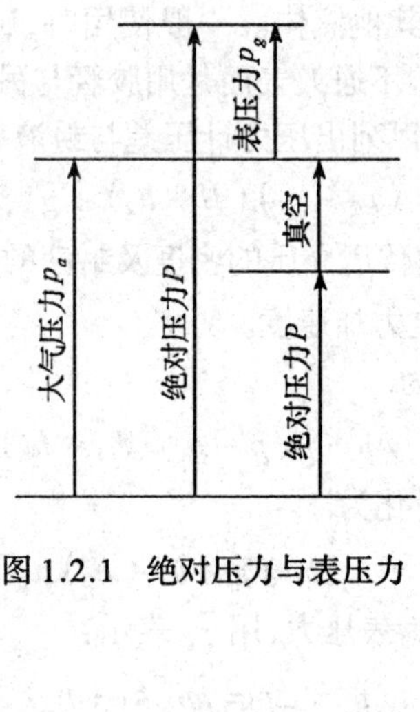


图1.2.1　绝对压力与表压力

## 三、压力表的分类

根据工作原理不同,测量压力的仪表主要有以下几类。

1. 液柱式压力计

它是利用管内一定高度液柱所产生的压力与被测压力平衡的原理实现测压的。应用这一原理测量压力的仪表总称为液柱式压力计。

2. 弹性压力计

它是利用弹性材料在压力的作用下产生弹性变形的原理实现测压的。根据虎克定律,弹性物体在弹性极限内,其弹性变形与所受外力呈一定关系,即受外力越大,弹性物体的弹性变形也越大。利用这一原理实现压力测量的仪表总称为弹性压力计。

3. 电气式压力计

它将被测压力转换为电信号实现测压的。

4. 活塞式压力计

它是利用活塞及标准质量重物(砝码)的重力在单位底面积上所产生的压力,通过密封液的传递与被测压力平衡的原理实现测压的。这种测压原理与上述液柱式压力计测压原理的不同之处是以固体重力代替液体重力。

## 1.2.2 液柱式压力表

液柱式压力计是用一定高度液柱产生的静压力来平衡被测压力的方法实现压力测量的。液柱式压力计一般用于 $10^5$ Pa 以下压力及真空测量,其特点是准确度高、结构简单、使用方便,但体积较大,不易实现指示值远传及记录。

通常使用的液柱式压力计有 U 形管式、单管式、多管式及斜管式微压计等。

### 一、U 形管式压力计

U 形管液柱式压力计主要由 U 形玻璃管、封液、刻度尺组成,如图 1.2.2 所示,其内部封液可以用水、汞、四氯化碳或其他液体。一般使用时,U 形管一端用胶管与被测对象接通,另一端通大气。如果另一端不通大气而是用胶管与另一对象接通,就可以测量两对象的压差。由静压力平衡方程可以列出压力计压差与封液垂直液柱高差的关系:

$$\Delta p = p_1 - p_2 = g(\rho_2 - \rho_1)(H - h_2) + g(\rho - \rho_1)(h_1 + h_2) \tag{1.2.1}$$

式中,$\rho_1$、$\rho_2$、$\rho$ 分别是两支管内传压介质的密度及封液的密度;$H$ 是压力计接管口至刻度标尺零点处的高度;$g$ 是当地重力加速度。

若 $\rho_1 = \rho_2$,则上式可简化为

$$\Delta p = g(\rho - \rho_1)(h_1 + h_2) \tag{1.2.2}$$

若 $\rho_1 = \rho_2 \ll \rho$,则上式可简化为

$$\Delta p = g\rho(h_1 + h_2) \tag{1.2.3}$$

若 $p_2$ 为大气压,则 $\Delta p$ 即为表压力,用 $p_g$ 表示:

$$p_g = \Delta p = g\rho(h_1 + h_2) \tag{1.2.4}$$

即被测压力与一定种类封液之液柱高度成正比。

## 二、单管压力计

为避免U形管压力计要读两次数的麻烦，可将液柱式压力计做成单管压力计，单管压力计主要由测量管、宽口容器、刻度尺等组成，如图1.2.3所示。

在压力 $p_g$ 作用下，$h_1$ 下降所减少的封液体积等于 $h_2$ 上升所增加的封液体积，即

$$h_1 A_1 = h_2 A_2 \tag{1.2.5}$$

式中 $A_1$、$A_2$ 分别是宽口容器及测量管的横截面积。于是

$$p_g = g\rho(h_1 + h_2) = g\rho\left(\frac{A_2}{A_1} + 1\right)h_2 \tag{1.2.6}$$

当 $A_1 \gg A_2$ 时，上式可近似为 $p_g = g\rho h_2$，即只需读 $h_2$ 就可确定被测压力。其误差引起的测量误差小于1%。

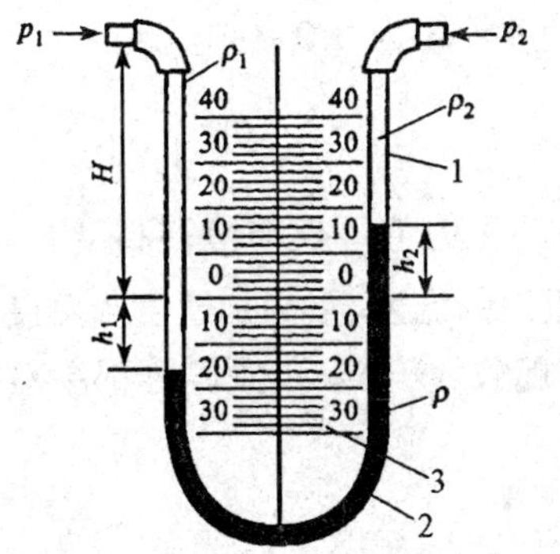

1－U形玻璃管；2－封液；3－刻度尺

图1.2.2　U形管液柱式压力计

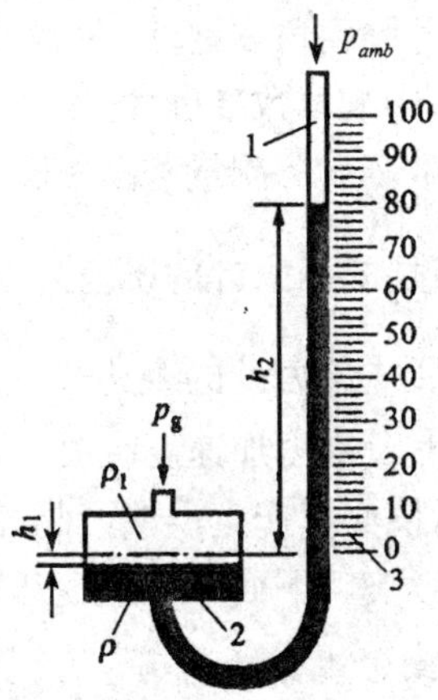

1－测量管；2－宽口容器；3－刻度尺

图1.2.3　单管液柱式压力计

## 三、多管压力计

当有很多测量管与大截面容器相连时就构成多管压力计，如图1.2.4所示。火电厂中可用它来测量锅炉各喷燃器一、二次风的风压及炉膛各处的负压。测负压时，宽口容器通大气，各支管(测量管)与各被测对象相通。多管压力计显示很直观，便于运行人员监视、比较和操作。

## 四、斜管微压计

在测量微小压力时，由于读数等因素引起的相对误差会较大，为提高测量精度，可做成斜管式微压计，如图1.2.5所示。由于测量管的倾斜角为 $\alpha$，故 $h_2 = l\sin\alpha$，因此表压力 $p_g$ 为：

$$p_g = g\rho(h_1 + h_2) = g\rho\left(\sin\alpha + \frac{A_2}{A_1}\right)l \tag{1.2.7}$$

式中 $A_1$、$A_2$ 分别是大截面容器和测量管的横截面积。

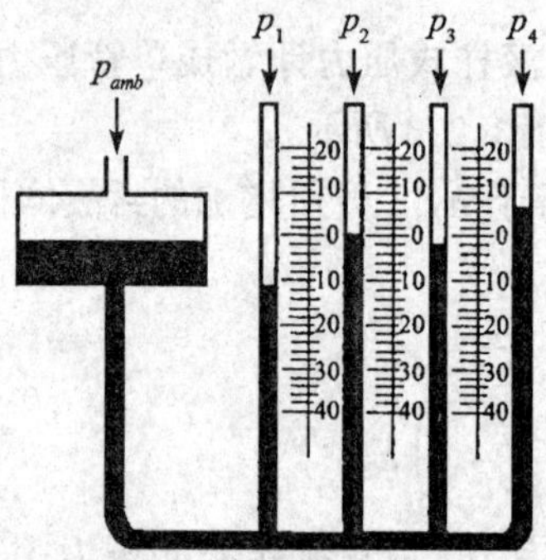

图 1.2.4 多管液柱式压力计

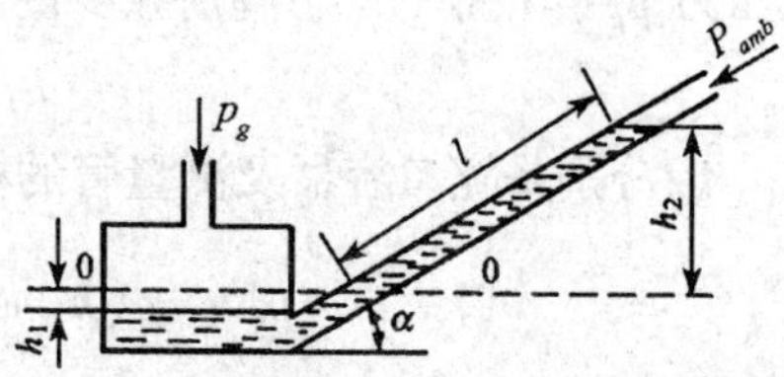

图 1.2.5 斜管微压计原理结构图

测量管倾斜角 $\alpha$ 越小,读数放大倍数越大。但 $\alpha$ 过小时,则因斜管内液面拉长,且易冲散,反而影响读数准确性,因此 $\alpha$ 角一般不小于 15°。

斜管微压计的测量范围一般为 100~200Pa,准确度等级为 0.0~1.0 级。

## 五、液柱式压力计的误差

由液柱式压力计的表达式 $p_g = g\rho(h_1 + h_2)$可知,压力值不仅与液柱高度有关,而且与封液密度及重力加速度有关。使用仪表时,若使用地的温度、重力加速度与刻度条件不符,其指示值必然产生误差。此外,测量管的毛细管现象、仪表安装倾斜等都会对测量准确性产生影响。下面简单介绍几种主要的影响因素。

### 1. 毛细管现象的影响

由于毛细管现象的存在,将使液柱产生附加上升或下降,因而产生附加测量误差。对于单管压力计,若采用吸附性封液,如水、酒精等,会产生正误差;若采用非吸附性封液,如汞,会产生负误差。为减少该误差,通常要求液柱式压力计的测量管内径不小于 10mm。当测量管内径不小于 10mm 时,用水作封液的单管压力计,常温下其毛细管误差一般不超过 2mm;用汞作封液时,不超过 1mm。毛细管误差不随液柱高度的改变而改变。

### 2. 环境温度变化的影响

环境温度变化对液柱式压力计测量的影响体现在温度变化对封液密度的影响以及引起标尺长度的伸缩。

通常固体线膨胀系数比液体体膨胀系数小得多,故一般也可以不考虑标尺伸缩的影响。

### 3. 重力加速度的影响

仪表使用地的纬度与海拔高度不同,其重力加速度也不同,为此测量时应对重力加速度进行修正,其修正关系为

$$h_1 + h_2 = \frac{g_\varphi}{g_B}(h'_1 + h'_2) \tag{1.2.8}$$

式中，$h_1+h_2$ 是标准重力加速度（$g_B=9.80665\text{m/s}^2$）下的读数值；$h'_1+h'_2$ 是使用地点（重力加速度为 $g_\varphi$）仪表的读数值。

## 1.2.3　弹性压力表

弹性压力表（或压力计）是基于弹性元件受力变形的性质来实现压力测量的。根据弹性元件的类型不同，压力计通常可分为弹簧管压力表、膜盒微压计、波纹管差压计及膜片压力表（或差压计）等主要类型。

### 一、弹性压力表的工作原理

由弹性压力检出元件（以下称弹性元件）制成的压力表称为弹性压力表。当承受压力时，弹性元件在其弹性限度内产生一个可测量的变形，此变形经传动机构放大后，使指针在刻度盘上指示出相应的压力值。

弹性元件是压力计的感受件，主要有弹簧管、膜片（膜盒）及波纹管等形式。

1. 弹簧管

弹簧管是一种横截面为椭圆或扁圆形的空心薄壁管，外形有各种形状，应用最多的是C形单圈弹簧管，其圆弧角一般为270°左右。除单圈弹簧管外还有盘旋形、螺旋形及S形等多圈弹簧管，各种弹簧管及其断面形状如图1.2.6所示。弹簧管的开口端固定在仪表基座上，称为固定端，压力信号由开口端（表接头）引入弹簧管内。弹簧管另一端封闭，称为自由端。当被测压力引入弹簧管后，自由端将产生相应的位移，此位移通过与弹簧管铰连的连杆传递给仪表的放大指示机构。

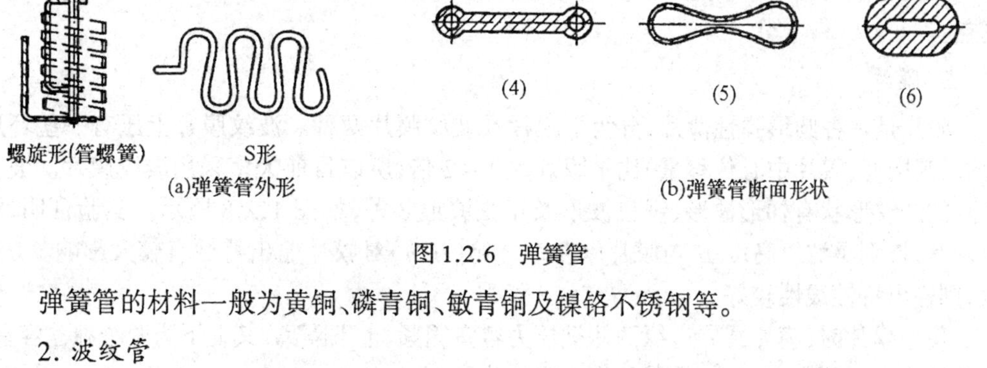


图1.2.6　弹簧管

弹簧管的材料一般为黄铜、磷青铜、敏青铜及镍铬不锈钢等。

2. 波纹管

波纹管是一种带波纹的薄壁圆筒，一端开口并固定于仪表基座上，为固定端；另一端封闭，为自由端，如图 1.2.7 所示。使用时，压力信号引入筒内或筒外，前者使波纹管受拉，后者使波纹管受压，因而都将使自由端产生轴向位移。

常用的波纹管直径多为 7～150mm，管壁厚度为 0.08～0.3mm。由于波纹管本身刚度较小，通常与螺旋形弹簧组合使用。组合使用时，被测压力主要由弹簧的弹性反力平衡，波纹管只起隔离介质的作用。组合使用可以改善弹性元件的输出特性，如减小迟滞时间、增大线性区、扩大仪表量程等。

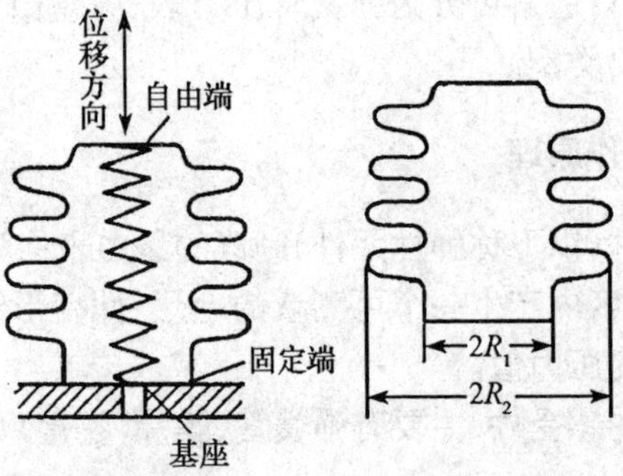


(a)有弹簧　　(b)无弹簧

图 1.2.7　波纹管结构

在波纹管材料弹性极限范围内，波纹管自由端的轴向位移 $\Delta L$ 与被测压力呈线性关系，过大压力作用将使其刚度增大而呈现非线性。一般波纹管的工作行程 $\Delta L$ 应控制在 5～10mm 之内。

若将被测压力 $p$ 对波纹管自由端的轴向作用等效为一合力 $F$，则有

$$F = pS \tag{1.2.9}$$

式中，$S$ 是波纹管的有效面积，即把均布力转化为等效集中力时假想的受力面积。

波纹管的有效面积与其结构的关系为

$$S = \frac{\pi}{4}(R_1 + R_2)^2 \tag{1.2.10}$$

式中，$R_1$、$R_2$ 分别是波纹管内外圆半径，参见图 1.2.7(b)。

波纹管的材料与弹簧管相同。波纹管刚度较小，一般用于测量 1MPa 以下的低压及真空。

3. 膜片

膜片是一种圆形弹性薄片，分为平膜片及波纹膜片两种。波纹膜片上压有一些环形波纹，其挠度(膜片中心位移量)比平膜片大 1～2 倍，所以目前大多采用波纹膜片。波纹膜片的波纹形状有梯形波形、锯齿波形及正弦波形 3 种，如图 1.2.8 所示。实验证明，波纹形状，特别是波纹高度 $H$ 与膜片厚度 $h$ 之比($H/h$)对膜片输出特性有较大影响。$H/h$ 大，则输出特性线性较好。

使用膜片时，膜片圆周边缘两侧被压力容室固紧，上下隔离，其上下为两个独立容室，被测压力由一侧容室引入，使膜片中心产生位移。

膜片一般由黄铜、铍青铜、磷青铜及不锈钢制造，称为金属膜片。也可以用橡胶或涂

胶纤维织物制成，非金属膜片一般与弹簧组合使用，由弹簧承受压力，膜片仅起隔离介质的作用。

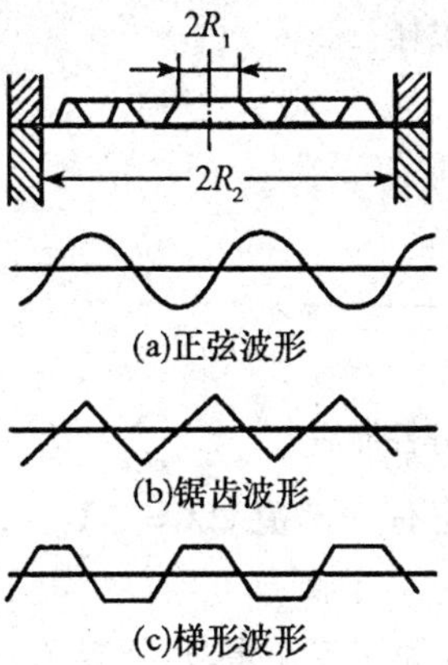


图 1.2.8　波纹膜片形状

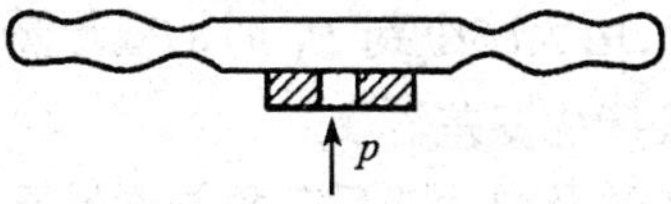


图 1.2.9　膜盒的形状

4. 膜盒

将两片膜片的圆周边缘对焊起来就构成膜盒，如 1.2.9 所示。压力信号由一膜片的中心开孔引入，输出信号为另一膜片中心的位移。膜盒的中心自位移量在相同压力情况下比膜片大，因此灵敏度较膜片高。

## 二、弹性元件特性

1. 不完全弹性特性

所加压力超过弹性极限后，元件会出现永久性变形，这一性质称为弹性元件的不完全弹性特性。为了避免永久性变形，弹性元件通入的最大压力应按下式选择，即

$$p_{\max} = \frac{P_b}{K} \tag{1.2.11}$$

式中，$P_b$ 是弹性元件的弹性极限，即弹性元件特性曲线的线性段对应的最大负载值；$K$ 是安全系数，一般取 1.5~2.5。

2. 弹性后效及弹性滞后

(1)弹性后效

当弹性元件所受压力升高或降低到某一值时，弹性变形不能同时达到相应值，而要经过一段时间之后才能达到应有的变形(表现为对弹性元件所加负载虽在弹性极限之内，但在很快去掉负载后，弹性元件不能马上恢复到原状，而是残余一个 $\Delta X_0$ 变形，这一变形要经过一段时间才能消失)，如图 1.2.10 所示。

弹性后效现象的存在使得负载有瞬时变化时，仪表的示值会产生一定的动态误差。

(2)弹性滞后

弹性滞后是指给弹性元件加压力和减压力时，输出特性曲线不重合的现象(表现为在增加到和减小到某一定负载时，弹性元件的变形量不同)。如当负载由小增大到 $P_X$ 时的

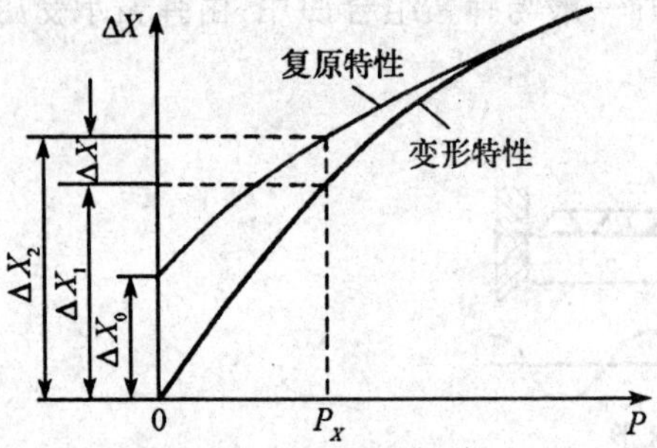


图 1.2.10　弹性后效及弹性滞后

变形为$\Delta X_1$，由大减小到 $P_X$ 时的变形量为$\Delta X_2$，则将有一差值 $\Delta X = \Delta X_2 - \Delta X_1$，该值的存在将使仪表产生变差。

弹性后效及弹性滞后现象与弹性元件的材料及加工后的热处理有关，也与负载的最大值有关。

一般弹性测压仪表由于弹性后效和弹性滞后现象造成的误差可达 1% ~1.5%，少数仪表为 0.1% ~0.2%。

3. 弹性模量受温度的影响

弹性模量随温度的变化而变化，一般当温度上升时弹性模量变小，从而使仪表呈现正的测量误差。

4. 刚度与灵敏度

刚度是使弹性元件产生单位变形所需要的负荷；灵敏度是在单位负荷作用下产生的变形。刚度大的弹性元件，其灵敏度小，适用于大量程测压仪表；刚度小的弹性元件，易于制成检测微小波动压力的仪表。对于有线性输出特性的弹性元件，其刚度和灵敏度均为常数。

弹性压力表有很多种类，现根据弹性元件的不同，介绍几种常用压力表。

## 三、弹簧管压力表

单圈弹簧管压力表广泛用于测量对铜合金不起腐蚀作用的液体、气体和蒸汽的压力。

1. 原理

单圈弹簧管压力表的弹性元件是自由端封闭的特殊成型管。当管内和管外承受不同压力时，自由端产生一定的直线位移，该位移通过连杆带动扇形齿轮进行角位移转换，由指针在刻度盘上指示出相应的压力值。也有的弹簧管压力表采用杠杆放大机构，如图 1.2.11 所示。

2. 型号

单圈弹簧管压力表的型号和规范如下：

型号由 4 部分组成：□□—□□

第一方格中可能出现的字母：Y 代表单圈弹簧管压力表；Z 代表单圈弹簧管真空表；

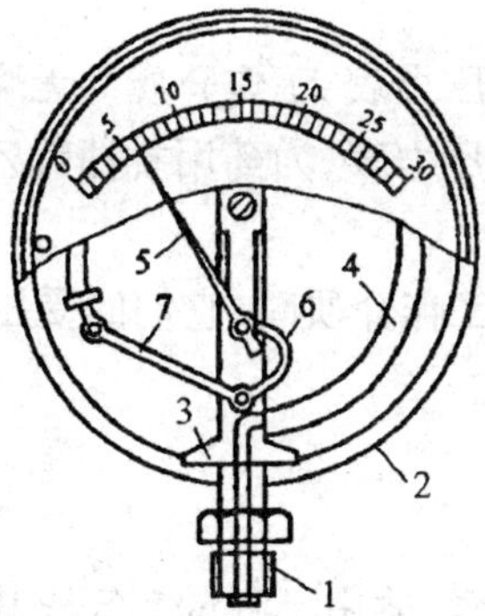


1－表接头；2－表壳；3－基座；4－弹簧管；5－指针；6－曲臂杠杆；7－拉杆

图 1.2.11　弹簧管压力表杠杆传动机构

YZ 代表单圈弹簧管压力、真空表。

第二方格中可能出现的字母：X 代表电接点；O 代表氧用、禁油；B 代表标准表；Q 代表氢用；A 代表氨用；C 代表耐酸。

第三方格表示表壳直径，有 40mm、60mm、100mm、120mm、150mm、160mm、200mm、250mm 等几种。

第四方格表示结构形式，空位是径向无边；T 代表径向有边；Z 代表轴向无边；ZT 代表轴向有边。

例如：YZ－60ZT，表示轴向有边的弹簧管压力、真空表。具体规格可查有关表格。

适于特殊介质用的压力表，如 YA 型氨用压力表、YO 型氧气压力表、YQ 型氢气压力表和耐酸压力表等，其承受压力的部件由相应的特殊材料制成。测量氧和测量氢压力的仪表中，在标度盘上的仪表名称下分别画一条天蓝色或深绿色横线，测氧仪表还应标以“红色禁油”字样。

3. 压力表的色标颜色（见表 1.2.2）

表 1.2.2　压力单位换算关系

| 测压介质 | 色标颜色 |
|---|---|
| 氧 | 天然色 |
| 氢 | 深绿色 |
| 氨 | 黄　色 |
| 氯 | 褐　色 |
| 乙炔 | 白　色 |
| 其他可燃性气体 | 红　色 |
| 其他惰性气体或液体 | 黑　色 |

4. 检定用工作介质

测量上限不超过 0.25MPa 的压力表，工作介质为清洁的空气，或无毒、无害和化学性能稳定的气体。

测量上限(0.25～250)MPa 的压力表,工作介质为无腐蚀性的液体。

测量上限(400～1000)MPa 的压力表,为药用甘油和乙二醇混合液或根据标准器所要求使用的工作介质。

标准器与压力表使用液体为工作介质时,它们的受压点应在同水平面上,否则应考虑由液柱高度差所产生的压力误差。

**四、膜盒微压计**

膜盒压力表的弹性元件为膜盒,适用于测量空气或其他无腐蚀性气体的微压或负压。被测介质一般由内径为 8mm 的橡皮软管插到压力表接头上引入,其原理结构如图 1.2.12 所示。

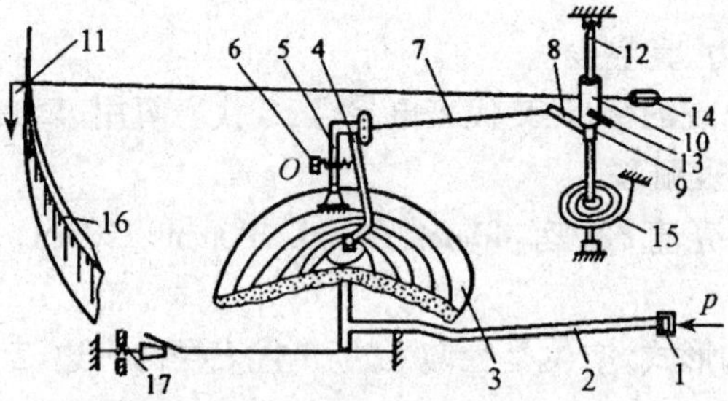


1－接头;2－导压管;3－金属膜盒;4、5－杠杆;6－微调螺丝;
7－拉杆;8－曲柄;9－内套筒;10－外套筒;11－指针;12－轴;
13－制动螺丝;14－平衡锤;15－游丝;16－标尺;17－调零机构

图 1.2.12　膜盒微压计原理结构图

常用的 YEJ－101 型矩形膜盒压力指示表用于指示;YEJ－111 型单限压力指示调节仪装有压力低于下限(或高于上限)给定值时进行开关量输出的附加装置;YEJ－121 型双限压力指示调节仪装有可在压力低于下限和高于上限给定值时进行开关量输出的附加装置;YEM－101 型集装式压力指示仪是一种可密集安装多台机芯的竖式压力指示仪。

**五、膜片压力表**

膜片压力表的弹性元件是膜片,被测介质通过接头或法兰进人膜片室,由于压力的作用,膜片产生位移,此位移再通过传动部件(动作过程与弹簧管压力表相同),使指针指示被测压力值。常用的膜片压力表型号有 YP 型普通膜片压力表和 YPF 型耐腐蚀膜片压力表等,前者适用于测量对铜合金不起腐蚀作用的粘性介质压力,后者适用于测量腐蚀性较强、粘度较大的介质压力。表壳外径有 100mm 和 150mm 两种。

**六、隔膜式压力表**

隔膜式压力表由膜片隔离器、连接管和普通压力表三部分组成,并且根据被测介质的要求,在其内腔填充以适当的工作液。被测介质的压力作用于隔膜片上,使之产生变形,压缩内部充填的工作液，借助于工作液的传导，压力表显示出被测压力值。它适用于测量有腐蚀性、高粘度、易结晶、含有固体状颗粒、温度较高的液体介质的压力或负压。

螺纹接口的隔膜式压力表的测量范围为 0 ~ 60MPa；法兰接口的隔膜式压力表的测量范围为 0 ~ 25MPa。

### 七、电接点压力表

电接点压力表以弹簧管为测量元件，表壳直径一般为 150mm，具有指示及控制电气信号通断功能，有直接作用（型号 YX - 150）和磁助直接作用两种方式，压力测量范围与单圈弹簧管压力表相同。仪表接点功率为：直接作用式 10VA（最高工作电压 380V、最大允许电流 0.7A）；磁助直接作用式 30VA（最高工作电压 380V、最大允许电流 1A）。

## 1.3　湿度与干度的测量

湿度是指空气的相对湿度，而干度是指水蒸气的干度。这些量是湿空气与水蒸气的重要参量之一，本节将对其测定方法作一个简介。

### 1.3.1　空气相对湿度的测量

测量空气相对湿度的方法有多种，如干湿球温度计、毛发湿度计、露点湿度计等。毛发湿度计利用脱脂人发在周围空气湿度发生变化时，其本身长度具有伸缩特性来测量空气的相对湿度。露点湿度计用露点测定仪直接测定湿空气的露点，再参照空气的温度，由空气的焓 - 湿图来确定相对湿度。毛发湿度计构造简单，使用方便，但不太稳定，准确度差。露点湿度计结构复杂，使用不方便。因此，最常用的还是干湿球湿度计。

干湿球湿度计利用两支温度计来测定空气的相对湿度 $\varphi$。一支温度计直接测定空气温度，所得值称为干球温度 $t_d$。另一支温度计的感温泡包裹有一块湿纱布，由于纱布的水分在空气中蒸发（蒸发速度与空气的相对湿度有关）需要耗热，而使其温度逐渐下降到

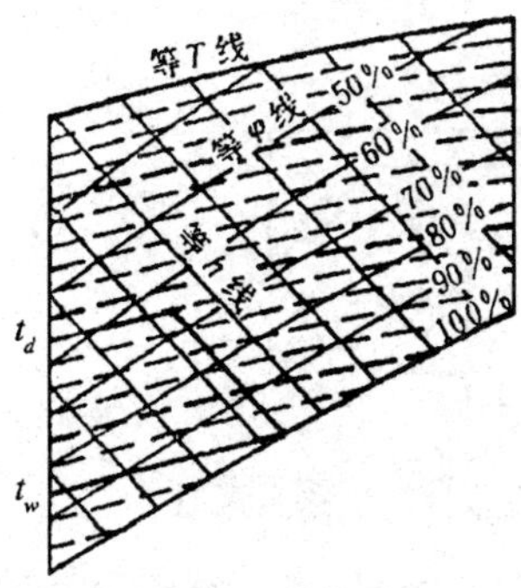


图 1.3.1　空气的焓 - 湿图

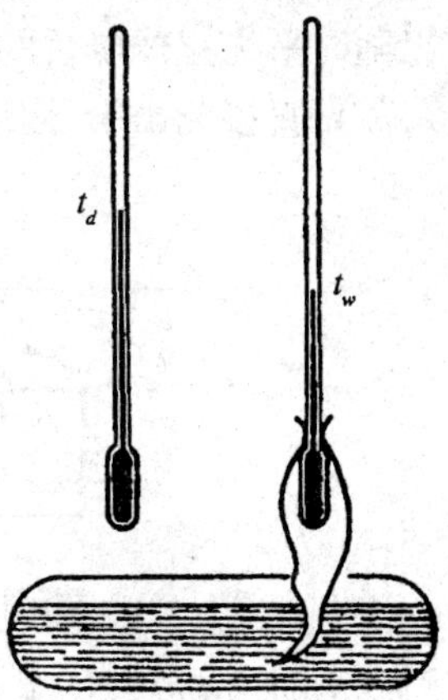


图 1.3.2　普通干湿球湿度计

某一平衡温度,由这支温度计测得的这一平衡温度称为湿球温度 $t_w$。根据测得的 $t_d$ 及 $t_w$,即可由空气的焓－湿图(或专用换算表)确定出 $\varphi$ 值,如图 1.3.1 所示。

图 1.3.2 为普通干湿球湿度计,它易受室内气流速度的变化和周围热辐射的影响,故测量精度较低。图 1.3.3 为通风干湿球湿度计,它由两支完全相同的分度为 0.1℃的水银温度计组成。它的特点是,在两支温度计的上部装有一台小风扇(可用发条或电动机驱动),使空气以不小于 2m/s 的稳定速度流过干湿球湿度计的感温泡,而且两支温度计感温泡的四周装有金属保护套管,用以隔离外界热辐射的影响。因而它在一定程度上克服了普通干湿球湿度计的缺点,提高了测量精度。

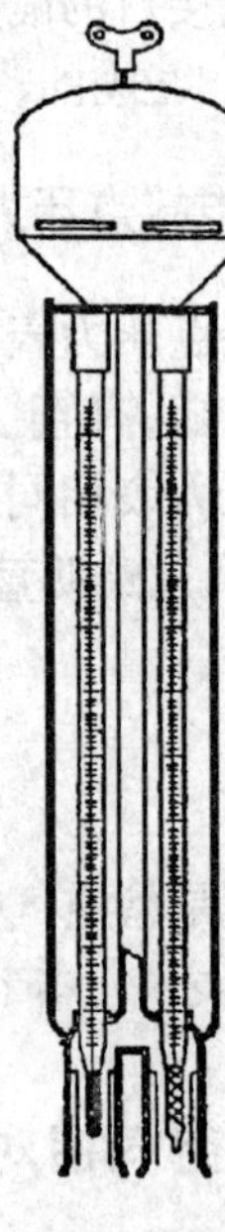

图 1.3.3　通风干湿球湿度计

使用干湿球湿度计时要注意以下几点:

(1)湿度计应提前放置到测量地点。一般夏季要提前 15min,冬季要提前 30min,以消除由于仪器本身温度与测量现场温度不同而引起的测量误差。

(2)包裹湿球温度计的纱布要力求松软、清洁,并且吸水性良好。湿润纱布时不要让水流入仪器的其他部分,并应经常保持纱布湿润。

(3)测量时要把发条上紧(当用发条驱动小风扇时),让小风扇叶轮全速旋转,以保证流过温度计温包的气流速度稳定且大于 2m/s。

(4)读数时应先看小数,后看整数,并尽量做到同时读出干球与湿球温度值。

在需要自动连续测量的场合,可采用两个热电阻温度计,也可采用两个热电偶来测量干球温度和湿球温度。前者精度高一些,但热惯性大;后者刚好相反。在应用热电阻作为测温元件时,要把两个热电阻分别接入两个直流电桥的桥臂中,两个电桥的输出要同向并联,如图 1.3.4 所示。图中 $R_d$ 为干球温度计的电阻值,$R_w$ 为湿球温度计的电阻值。干球温度计的电桥输出从滑线电阻 $W$ 上分压取出。滑线电阻可由自动电子电位差计中的可逆电机带动,以随时平衡湿球电桥的输出信号。在用热电偶作为测温元件时,只要把两热电偶反向串接,就可直接测出干、湿球温度之差值。

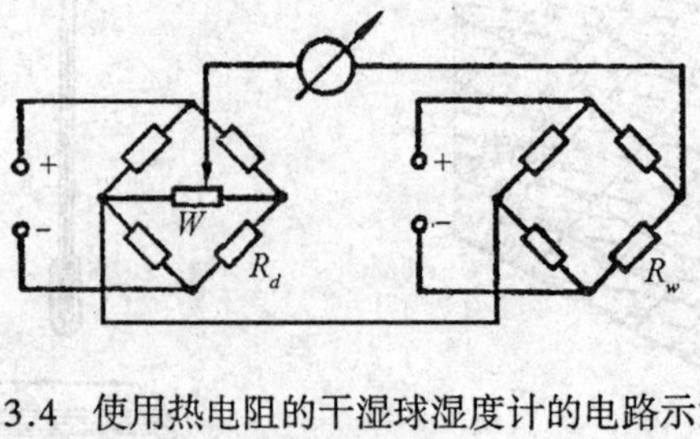


图 1.3.4　使用热电阻的干湿球湿度计的电路示意图

运用上述原理可制成数字化湿度计,测量范围为 15% ~99.9% 的空气相对湿度。

## 1.3.2 蒸汽干度的测量

在确定湿蒸汽的状态时，除需测定蒸汽压力外，还要测出蒸汽干度。测定蒸汽干度的设备称为蒸汽干度计。蒸汽干度计通常有节流式、分离式和组合式三种，近年来又出现了确定蒸汽干度的化验法。

1. 节流式干度计

节流式干度计是根据气体流动原理设计的干度计，它实际上是一个节流器(见图1.3.5)。由工程热力学原理知道，气体绝热节流过程是不可逆的，绝热节流前后蒸汽的焓值 $h$ 可认为不变。如测得节流前的蒸汽压力 $p_1$、节流后的蒸汽压力 $p_2$ 和温度 $t_2$，则可从水蒸气的 $h-s$(焓－熵)图中，根据 $h_2=h_1$，查得蒸汽干度 $x_1$(见图1.3.6)。但是当蒸汽湿分较大时，节流后将仍为湿蒸汽，蒸汽的终态不能进入过热区，因此这种干度计不能用来测定湿分过大的湿蒸汽的干度。

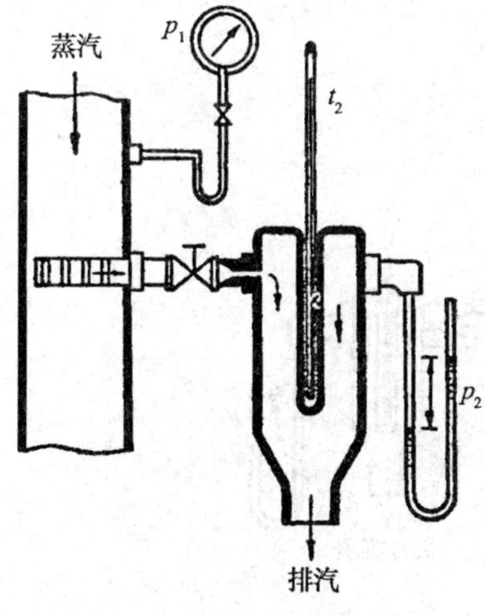


图1.3.5 节流式干度计

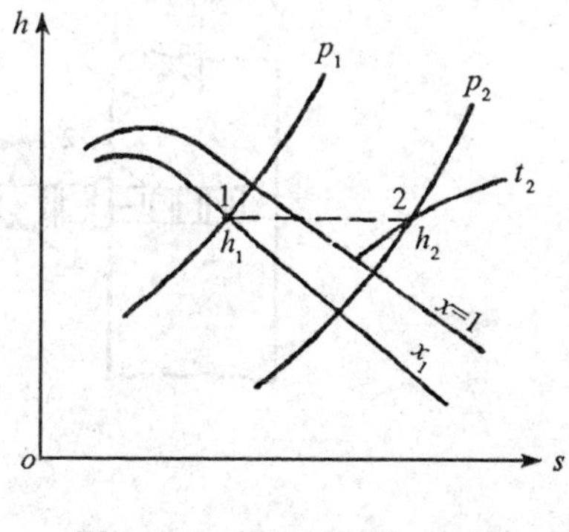


图1.3.6 节流原理焓－熵图

2. 分离式干度计

分离式干度计是利用离心分离原理而工作的干度计，其结构如图1.3.7所示。

它更适宜于用来测定高湿分蒸汽的干度。工作时从蒸汽管中引来的蒸汽，在分离室1中将水滴分离。剩余的干蒸汽经汽套3排入冷凝器中被凝结为水。若从水位计2测得分离的水量为 $w$，并测得同一时间内冷凝器的凝结水量为 $W$，则所测湿蒸汽的干度 $x$ 为

$$x = W/(w+W) \tag{1.3.1}$$

因湿蒸汽中往往含有极微小的水滴，它用离心分离法分离不下来，所以用这种干度计测定的蒸汽干度，一般均较实际值大。因此，对于高湿分的湿蒸汽最好用组合干度计测干度。

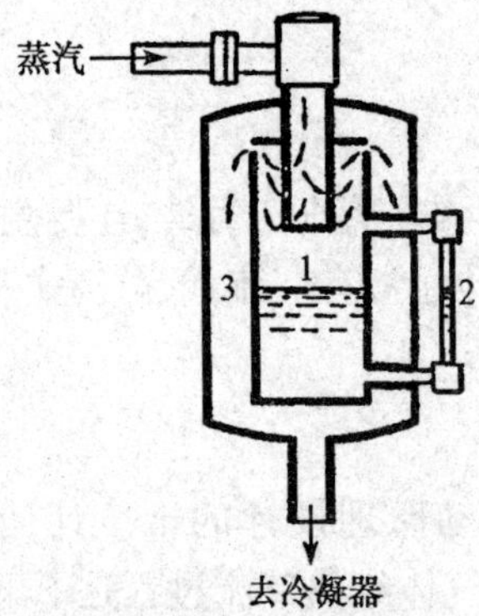


1－分离室；2－水位计；3－气套

图 1.3.7　分离式干度计

### 3. 组合式干度计

组合式干度计如图 1.3.8 所示。

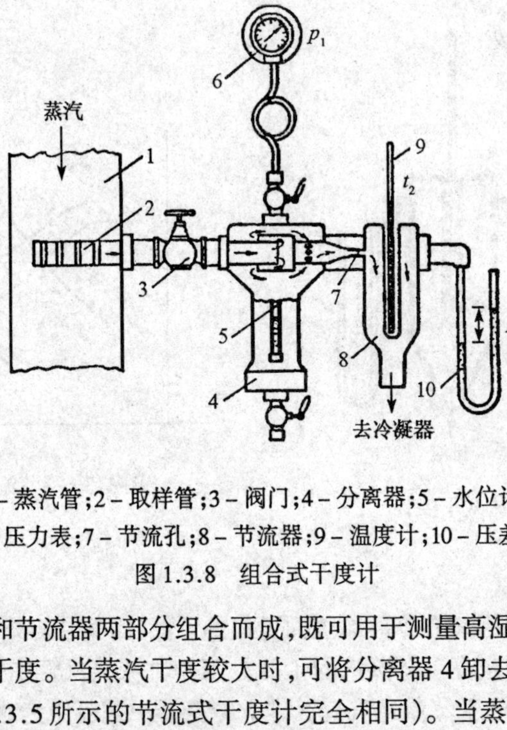


1－蒸汽管；2－取样管；3－阀门；4－分离器；5－水位计；

6－压力表；7－节流孔；8－节流器；9－温度计；10－压差计

图 1.3.8　组合式干度计

它主要由分离器和节流器两部分组合而成，既可用于测量高湿分蒸汽的干度，又可用于测量低湿分蒸汽的干度。当蒸汽干度较大时，可将分离器 4 卸去，让节流器 8 直接与阀门 3 连接(此时与图 1.3.5 所示的节流式干度计完全相同)。当蒸汽湿分较大时，分离器与节流器同时使用(此时，在节流器下部出口处连接一个冷凝器，用以凝结进入节流器的全部蒸汽)。测量时，若从冷凝器及分离器所得到的水的重量分别为 $W$ 和 $w$，则试验蒸汽的可见干度 $x_2 = W/(w + W)$。因蒸汽从分离器进入节流器时仍含有少量极微小水滴，故 $x_2$ 不是蒸汽试样的实际干度。设节流器入口处蒸汽干度为 $x_1$，蒸汽试样的实际干度为 $x$，则试样中所含的总水分为 $(1-x)(W+w)$，从分离器中分离出的水分为 $(1-x_2)(W+w)$，流入节流器的水分为 $(1-x_1)W$。故：

$$(1-x)(W+w)=(1-x_1)W+(1-x_2)(W+w) \tag{1.3.2}$$

将上式除以$(W+w)$，可得

$$x=x_1x_2 \tag{1.3.3}$$

式中，$x_1$ 可根据 $p_2$、$t_2$ 及 $p_1$ 由水蒸气的 $h-s$ 图查得。$x_1$ 再乘以可见干度气 $x_2$，就可得到蒸汽试样的实际干度 $x$。

安装蒸汽干度计时，应将取样管装于蒸汽由上向下流动的竖直蒸汽管道中，以取得具有代表性的蒸汽试样。取样管端部封闭，两侧开若干小槽，但在距蒸汽管壁甚近处则不宜开槽，以防管壁上的凝结水流入取样管中。使用时应当充分预热蒸汽管道和干度计，然后再测取读数。

## 1.4　流速的测量

流速不仅表明液体或气体介质的流量大小，而且也反映对流换热过程的强弱。同时，流体的流动状态、速度分布等也是深入研究对流换热现象不可缺少的参量之一。

流体流速是一个矢量，它具有大小和方向，所以广义来说测量流速应包括其大小与方向两个方面。测量流速的方法主要有皮托管法、热线法等。前者属于压差式测速法，它的工作原理是伯努利定律，后者以电加热元件在流体中受到的冷却程度来测定流速。本节主要介绍皮托管测速法。

皮托管是通过测量流体的全压头和静压头之差——动压头来测量流体流速的装置，因此也可称为动压测量管。图 1.4.1 为国际标准化组织 ISO 所建议的一种皮托管的椭圆形头部的结构示意图，其前端的中心小孔 1 用于测量流体的全压头，侧表面上的一排小孔 2 用于测量流体静压头。此外，皮托管头部还有锥形和圆形结构两种，但以椭圆形头的流动特性最好，故标准皮托管大都采用椭圆形的头部。

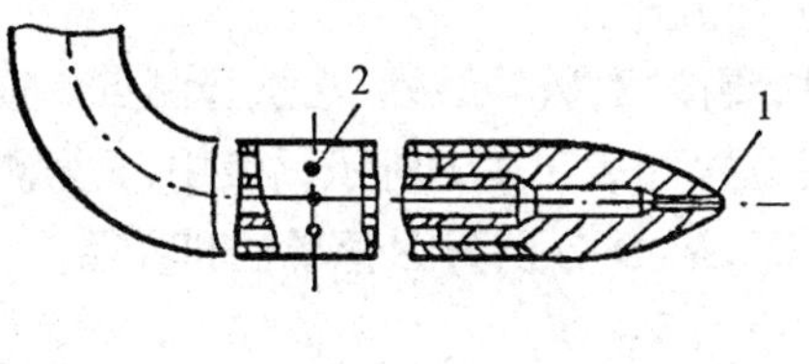


1－中心孔；2－侧壁孔

图 1.4.1　皮托管的椭圆形头部

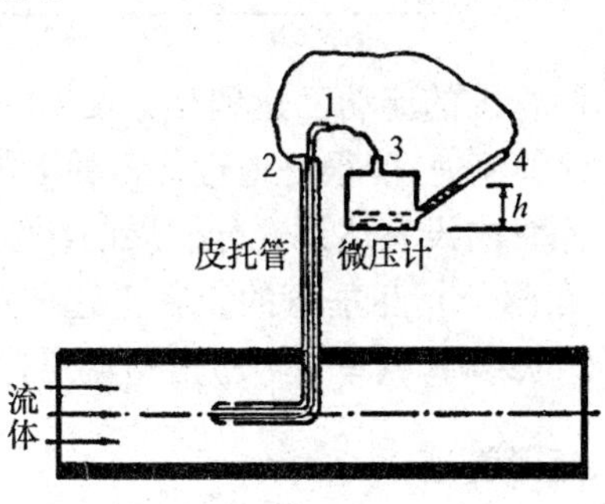


图 1.4.2　皮托管的安装方式

用皮托管测量流体流速时，要将皮托管的头部插入流道的测点处。如图 1.4.2 所示，皮托管头部的中心小孔要迎向流体，其中心轴线应力求与流体流动方向平行，偏差不能大于 15°。皮托管的二次仪表为微压计，工作时将其全压头管 1 与微压计的接头 3 相连，静压头管 2 与微压计的接头 4 相连，此时微压计所指示的压差即为流体的动压头。由伯努利方程，流速 $w$ 可表示为

$$w = \sqrt{2g\frac{\rho_1}{\rho_2}h} \qquad \text{m/s} \tag{1.4.1}$$

式中，$h$ 是微压计读数（流体的动压头），单位为 m；$\rho_1$、$\rho_2$ 分别是微压计工作液和流体的密度，单位为 $kg/m^3$。

利用上式确定的流速 $w$ 只是测点的局部流速，在许多场合往往需要确定流道的平均流速 $w_m$。这时，应该在流道截面上测取很多点的流速，再求得平均流速。过去常用的将圆形流道截面分为等面积环（矩形流道分为等面积块）的测点确定法，由于误差较大而不宜再用。目前，国际标准 ISO－3354 推荐用“对数－线性”方法确定测点的位置。

## 一、圆形管道

对于圆形管道，测点选定与流动状态有关。

(1)圆管中的流动为层流时，理论和实践都已证明，距离管内壁 $0.293R$ 处的流速正好等于截面上的平均流速（$R$ 是圆管的内半径）。

表 1.4.1　圆管中测点的位置

| 半径上测点的数目 | $r/R$ | $y/R$ |
|---|---|---|
| 3 | 0.3586 | 0.3207 |
| | 0.7302 | 0.1349 |
| | 0.9358 | 0.0321 |
| 5 | 0.2776 | 0.3612 |
| | 0.5658 | 0.2171 |
| | 0.6950 | 0.1515 |
| | 0.8470 | 0.0765 |
| | 0.9622 | 0.8189 |

(2)圆管内的流动已达到充分发展的紊流时，根据尼古拉兹的实验结果，距离管内壁 $0.238R$ 处的流速，能很好地近似截面上的流体平均流速。

(3)圆管内没有达到充分发展的紊流运动时，要按“对数－线性”法选择测点。按该法规定，要在两个相互垂直的直径上选取测点，其位置如表 1.4.1 所示。表中，$r$ 为测点到圆管中心的距离，$y(=R-r)$为侧点到管壁的距离；$R$、$D$ 分别为圆管半径和直径。

## 二、矩形管道

若矩形管道内截面的宽乘高为 $L \times H$，则各测点（共 26 个）的坐标位置及每个测点的平均加权值如表 1.4.2 所示。

表 1.4.2 矩形管道求平均流速的测点位置及各测点的加权值

| $l/L$ \ $h/H$ | 0.0340 | 0.0920 | 0.2500 | 0.3675 | 0.5000 | 0.6325 | 0.7500 | 0.980 | 0.9660 |
|---|---|---|---|---|---|---|---|---|---|
| 0.0920 | 2 | 2 | 5 | — | 6 | — | 5 | 2 | 2 |
| 0.03675 | 3 | — | 3 | 6 | — | 6 | 3 | — | 3 |
| 0.6325 | 3 | — | 3 | 6 | — | 6 | 3 | — | 3 |
| 0.9080 | 2 | 2 | 5 | — | 6 | — | 5 | 2 | 2 |

用上述“对数－线性”法得到的数据在任何雷诺数下都与实际流速分布很好地吻合，但由于所得的测点位置距管壁甚近，因此限制了管道直径(或矩形截面)的最小值。

皮托管插入被测介质的管道时，会干扰破坏原来的流场。为使其影响尽可能减少，要求皮托管直径与被测管道直径之比应小于 0.02，最大也不应超过 0.04。

国际标准化组织 ISO 规定，当用皮托管测量气体流速时，皮托管的使用范围上限，以不超过相当于马赫数为 0.25 时的流速为宜，在这种情况下可以不考虑气体的可压缩性的影响。此外，当用皮托管测量低速气体的流速时，输出灵敏度很低。例如，在标准状态下，当流动空气的流速为 5m/s 时，动压为 1.7mm$H_2O$；当流速为 1m/s 时，动压仅为 0.07mm$H_2O$。所以，国际标准化组织 ISO 对皮托管的测量下限也有规定，即要求被测的流速在全压孔直径上的雷诺数需超过 200，以避免造成过大的测量误差。

# 1.5 流量的测量

工作介质的流量能反映热力设备的效率及负荷的高低，因此随时监视某些流体的流量对保证设备安全经济运行是很重要的。本节主要介绍流量测量的一些基本知识，以及椭圆齿轮流量计的测量原理。

## 1.5.1 流量测量概述

### 一、流量的定义

单位时间内通过某截面的物质的量称为瞬时流量，通常简称流量。根据物质的量的不同，一般分质量流量和体积流量两大类。质量流量一般用 $q_m$ 表示，其国际单位是 kg/s；体积流量一般用 $q_v$ 表示，其国际单位是 $m^3/s$。质量流量和体积流量的关系为

$$q_m = \rho q_v \tag{1.5.1}$$

在一段时间内通过某截面的物质的量称为累计流量或流体总量，流体总量也可分为质量总量(用 $Q_m$ 表示)和体积总量(用 $Q_v$ 表示)，它就是瞬时流量对时间的积分量，即

$$Q_m = \int_0^t q_m \mathrm{d}t \tag{1.5.2}$$

$$Q_v = \int_0^t q_v \mathrm{d}t \tag{1.5.3}$$

## 二、流量计的分类

根据工作原理不同，流量计可分为以下几类。

### 1. 速度式流量计

以测量流体在管内的流速作为测量依据，属于这一类的仪表很多，如：

(1)叶轮(或涡轮)式流量计

叶轮(或涡轮)被流体冲转，其转速与流体的流速成正比。其特点是简单可靠、精确度高、测量范围大、灵敏、耐压、信号能远传，但寿命短。

(2)转子流量计

转子流量计又称罗托计，它由一个垂直安装的锥形管和管内的转子两部分组成，如图1.5.1所示。流体从下至上流过锥形管，当流体流过管内壁与转子之间的环形空间时，对转子产生一个向上的顶托力，从而使转子上升，锥形管内壁与转子之间的环形面积增大，与此同时压差 $\Delta p$ 下降。当转子本身重力与流体对转子的顶托力相平衡时，转子将稳定在某一位置，此位置与流体流量有关。在流量计的结构一定、流体一定的条件下，流量与转子上升的高度呈单值函数关系，由此即可测量流量的大小。

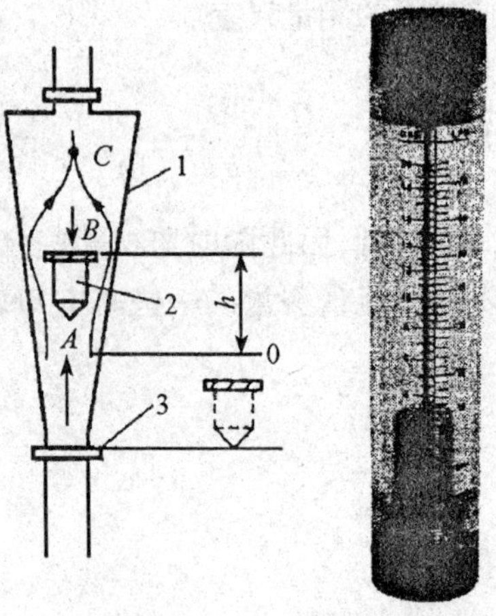


(a)示意图　　(b)玻璃转子流量计

1－锥形管；2－转子；3－法兰

图1.5.1　转子流量计

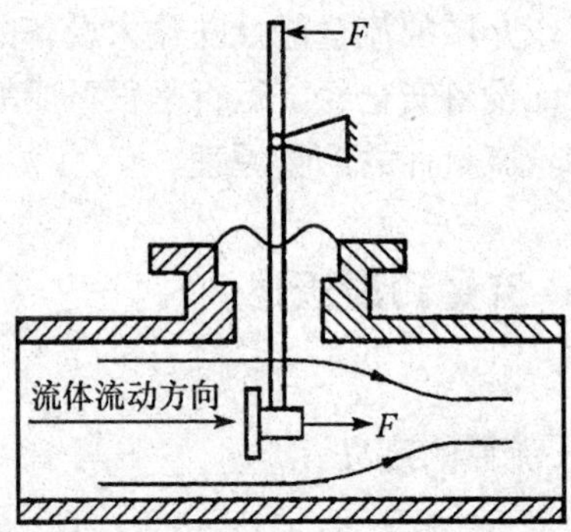


图1.5.2　靶式流量计原理示意图

转子流量计具有结构简单、读数直观、压力损失小、维修方便等特点，是工业生产中应用较为广泛的一种。

(3)靶式流量计

由安装在管道中的一个圆形靶、杠杆系统及测量电路3部分组成，如图1.5.2所示。流体在管道中流动时，对圆形靶产生一个冲击力，此冲击力与流体的流量之间有一个确定的对应关系：

$$q_m = \sqrt{\frac{\pi}{2}} K_a D\left(\frac{1}{\beta} - \beta\right)\sqrt{\rho F} \tag{1.5.4}$$

式中，$K_a$ 是流量系数；$D$ 是管道内径；$\beta$ 是直径比，$\beta = d/D$；$d$ 是靶的直径；$\rho$ 是流体密度；$F$ 是流体对靶面的推力。

上式描述了推力 $F$ 与流量的 $q_m$ 的关系，利用测量电路测出 $F$ 的大小即可达到测量流量的目的。

靶式流量计适用于测量雷诺数较低的粘性流体的流量，因此火电厂中重油等流体的流量常采用靶式流量计。

(4)涡街流量计

利用流体振荡原理进行测量的仪表。其特点是量程比宽、结构简单、无运动件、检测元件不接触测量流体，具有测量准确度高、应用范围广、使用寿命长等特点。它可用于液体、气体、蒸气的流量测量。

(5)旋进式漩涡流量计

利用旋进式的漩涡现象，即绕中心轴涡流的螺旋进动来测量流量。受到周围约束的漩流在通过截面积扩大的管道时，产生涡流进动现象，其进动的频率与流速成正比。它只适用于测量雷诺数 $Re = 10^4 \sim 10^6$、马赫数 $M < 0.12$ 的气体流量。涡流进动频率为 $10 \sim 10^3$ Hz，测量准确度为 ±1%，量程比为 100:1。其缺点是压力损失较大。

2. 容积式流量计

它以单位时间内所排出流体的固定容积 $V$ 作为测量依据，如椭圆齿轮流量计、腰轮流量计、刮板流量计等。其特点是精确灵敏，但结构复杂，腰轮流量计如图 1.5.3 所示。

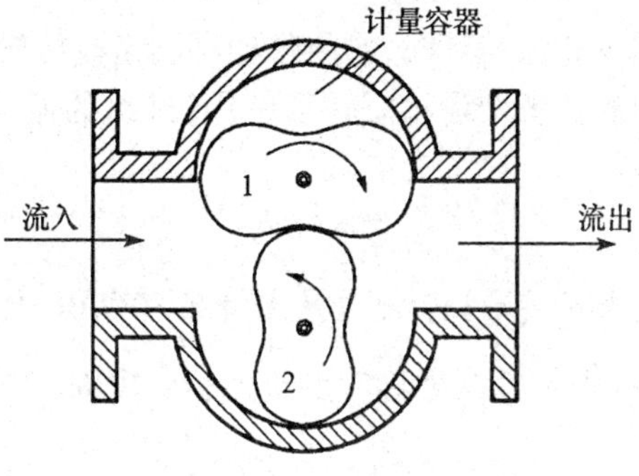


图 1.5.3　腰轮流量计示意图

3. 差压式流量计

利用节流件前后的压差和流量的关系来测量流量。

4. 超声波流量计

超声波在流动介质与静止介质中的传播速度不同，其变化量与介质的流速有关。其特点是属于非接触式测量，对流场无干扰、无阻力、不产生压损，安装方便，可测量有腐蚀性和粘度大的流体流量。

5. 电磁流量计

利用导电性液体在磁场中运动时产生感应电动势,其值和流量成正比的原理进行。

6. 质量流量计

利用流体在振动管内流动时所产生的与质量流量成正比的科氏力的原理来制成的,如科里奥利质量流量计。其特点是测量范围大、精度高,测量管内无零部件,可测量其他流量计难于测量的含气流体、含固体颗粒液体等介质的流量,同时,被测流量不受流体的温度、压力、密度、粘度等变化的影响,是一种很有发展前途的流量测量仪表。

## 1.5.2 椭圆齿轮流量计

### 一、测量原理

它的测量部分由两个相互啮合的椭圆形齿轮以及轴和壳体等组成,如图 1.5.4 所示。

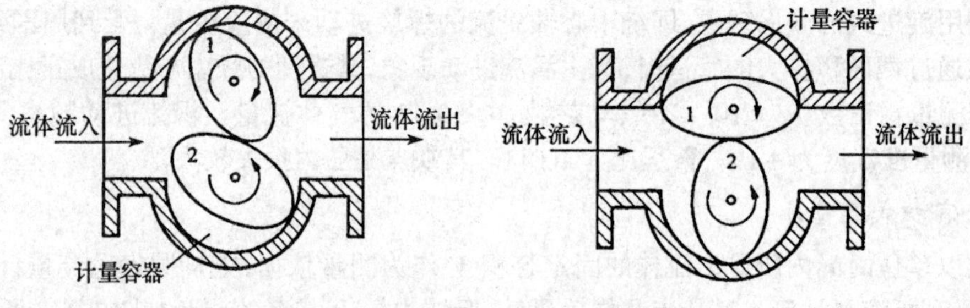


图 1.5.4 椭圆齿轮流量计原理示意图

当被测流体流经椭圆齿轮流量计时,它将带动椭圆齿轮旋转,流体以月牙形容积为单位体积逐次由入口排到出口。两个齿轮每转动一周,排出的流体体积为 4 倍的月牙形体积,即

$$V = 4nV_0 \tag{1.5.5}$$

式中,$V$ 是体积总量;$n$ 是齿轮转数;$V_0$ 是月牙形计量室容积,$V_0 = \frac{\pi}{2}(R^2 - ab)\delta$,其中 $R$ 是壳体容室的半径,$a$、$b$ 分别是椭圆齿轮的半长轴和半短轴,$\delta$ 是椭圆齿轮的厚度。

因此流量公式为

$$q_V = 2\pi n(R^2 - ab)\delta \tag{1.5.6}$$

实际上这里的椭圆齿轮是一种变形的椭圆齿轮,称为卵圆形齿轮,因此在无泄漏情况下的流量公式为

$$q_V = 2\pi n\{[a(1+e)+m]^2 - \sqrt{1-e^2}\,a^2\}\delta \tag{1.5.7}$$

式中,$m$ 是齿轮模数;$e$ 是偏心率;$a$ 是椭圆齿轮的长轴半径;$\delta$ 是椭圆齿轮的厚度。

### 二、显示原理

椭圆齿轮流量计测量部分输出的流量信号是椭圆齿轮的转速,所以测量转速的仪表

可用来显示流量。

(1)就地显示

将转速经一系列齿轮减速和调整速度比之后,直接带动仪表的指针和机械计数器,以实现瞬时流量和计算流量的就地显示。

(2)远传显示

通过减速后的齿轮带动永久磁铁旋转,使继电器的触点与永久磁铁的旋转频率同步闭合或断开,从而发出一个个电脉冲,传给电磁计数器或电子计数器,以进行流量的显示或积算。

椭圆齿轮流量计特别适用于测量高粘度流体的流量,测量过程与流体的流动状态(即 *Re* 数)无关,量程比较大,压力损失较小,对仪表前后直管段要求不严。其缺点是不能测量含固体颗粒的流体流量,所以在其入口处必须加装过滤器。

## 1.6 热量的测量

在一些基本热工实验中,如比热容测定、导热系数测定、换热系数测定、换热器性能和热力设备性能等实验中,往往需要直接测定出热量,然后加上一些其他参数确定出比热容、导热系数、换热系数、热力设备的效率等。本节介绍一些热量的测量方法。

热量的测量大体有燃料携入的热量、工质携入或携出的热量、电加热器所放出的热量等几种情况。

### 一、燃料携入热量的测定

在锅炉、内燃机等热力设备中,燃料携入的热量等于燃料消耗量乘以燃料的低位发热量。

关于燃料消耗量:对于固体燃料,如煤,可用称重法或自动秤测定,对于液体燃料,可用容积法或流量计(参照流量的测定方法)测定。

### 二、工质携入或携出的热量测定

工质携入或携出的热量可根据工质流量及其进出口参数求得。

工质流量参照流量的测定方法测定。

关于工质的进、出口参数:对于水蒸气,主要指的是压力、温度、干度等,后者要根据前两者由水蒸气图表查得;对于液体工质,主要是指温度、压力等。关于压力、温度、干度的测量可分别参照本章前面的内容测定。

国外已有测定液体介质所携热量的热量计(Heatmeter)。它由流量传感器、进口温度与出口温度传感器、电子计算器和显示器等部件组成。使用时,三种传感器要分别装在相应的流体管道上。流量传感器发出的流量信号与温度传感器发出的进出口温差信号,同时送入电子计算器进行乘法运算与累计,可直接以数字形式将随着时间变化的液体总量及所携热量的累计值分别表示在显示器上,使用起来比较方便。这种热量计的测量精度大约为 1% ~2% 。

### 三、电加热器放热量的测定

单位时间内电加热器的放热量等于输入的电功率。电加热器的电功率可直接用功率表测量,或用0.5级电流表和电压表分别测量出电流和电压而求得。后者的测量准确度较前者好。电流表和电压表的接线有如图1.6.1所示的两种方式。图1.6.1中,(a)法有电流表分压问题,(b)法有电压表分流问题,它们都会影响测量结果。

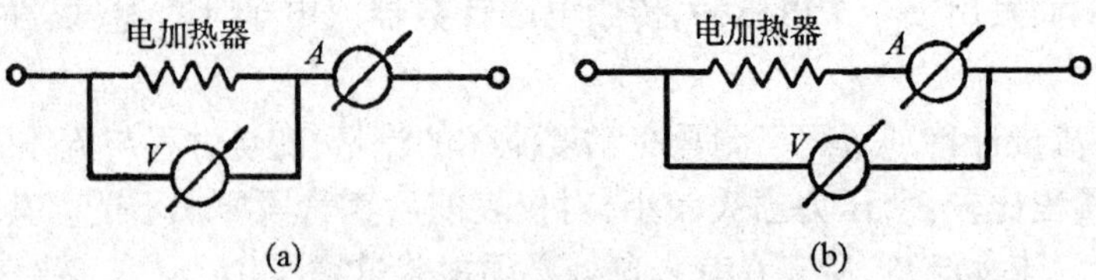


图1.6.1　电加热器电功率测量之一

当电加热器功率较小而测量精度要求又较高时,宜用直流电源的电加热器,并建议按图1.6.2的方式在电路中串、并入三个标准电阻 $R_1$、$R_2$、$R_3$,设它们的电阻值分别为0.01Ω、10Ω、1000Ω,然后用UJ-31型电位差计分别测量 $R_1$ 与 $R_2$ 的端电压。

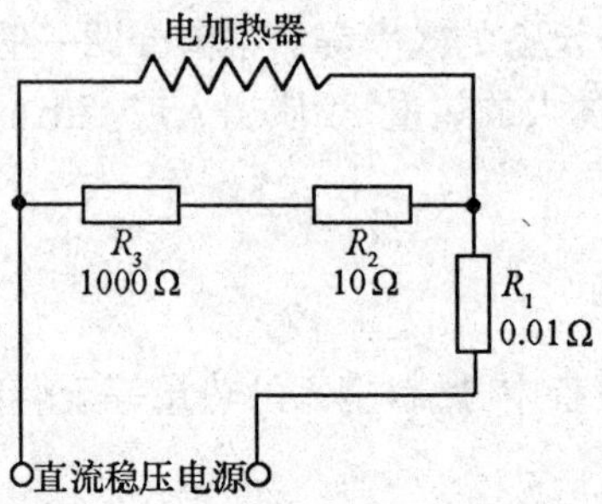


图1.6.2　电加热器电功率测量之二

如果测量结果为 $U_1$ 与 $U_2$,则电加热器的电流 $I$ 与电压 $U$ 为

$$I=\frac{U_1}{R_1}-\frac{U_2}{R_2}\approx\frac{U_1}{R_1}=\frac{U_1}{0.01}=100U_1\quad[\mathrm{A}]\tag{1.6.1}$$

$$U=\frac{U_2}{R_2}(R_2+R_3)=\frac{U_2}{10}\times(10+1000)=101U_2\quad[\mathrm{V}]\tag{1.6.2}$$

电加热器的电功率为

$$P=UI=101U_2\times100U_1=10.1U_1U_2\quad[\mathrm{kW}]\tag{1.6.3}$$

通过电路分析可以看出,$R_1$ 愈小,$(R_2+R_3)$愈大,测量精度就愈高。此外,为便于用高精度的电位差计测量 $U_2$,显然比值 $R_3/R_2$ 应愈大愈好,通常最好大于100。

# 第二章 工程热力学实验

工程热力学实验包括测定工质的热力学性质和研究热力过程等内容。例如,测定气体的 $p-v-t$ 关系、测定气体的比热容和测定节流效应等实验工作,它对研究气体的热力学性质具有重要的意义,而气体通过喷管的流动,则是一些热力发动机和设备中发生的基本热力过程。

## 2.1 可视性饱和蒸汽压力和温度关系实验

### 一、实验目的

1. 通过观察饱和蒸汽压力和温度变化的关系,加深对饱和状态的理解,从而树立液体温度达到对应于液面压力的饱和温度时,沸腾便会发生的基本概念。

2. 通过对实验数据的整理,掌握饱和蒸汽 $p-T$ 关系图表的编制方法。

3. 学会温度计、压力表、调压器和大气压力计等仪表的使用方法。

4. 能观察到小容积和金属表面很光滑(汽化核心很小)的饱态沸腾现象。

### 二、实验设备(图 2.1.1)

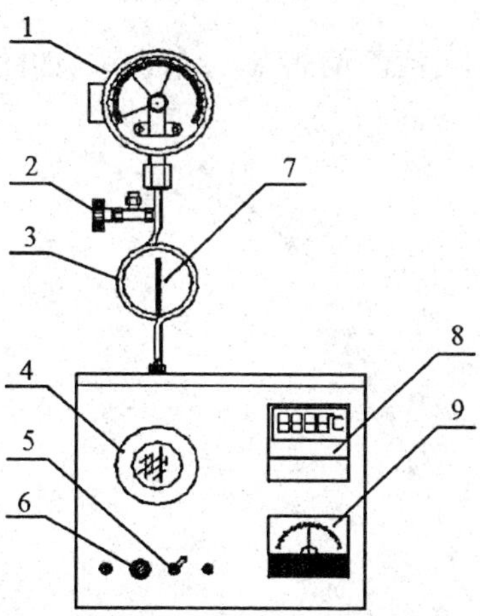


1 – 压力表( – 0.1 ~ 0 ~ 10kgf/cm$^2$);2 – 排气阀;3 – 缓冲器;4 – 可视玻璃及蒸汽发生器;5 – 电源开关;6 – 电功率调节;7 – 温度计(0 ~ 300℃);8 – 可控数显温度仪;9 – 电压表

图 2.1.1 饱和蒸汽压 $p-T$ 关系实验仪

## 三、实验方法与步骤

1. 熟悉实验装置及使用仪表的工作原理和性能。

2. 将电功率调节器指针调至电压表零位，然后接通电源。

3. 将调压器输出电压调至 200～220V，待蒸汽压力升至一定值时，将电压降至 20～50V 保温，待工况稳定后迅速记录下水蒸气的压力和温度。重复上述实验，在 0～10 $kgf/cm^2$（表压）范围内实验不少于 6 次，且实验点应尽量分布均匀。

4. 实验完毕后，将调压指针旋回零位，并断开电源。

5. 记录室温和大气压力。

## 四、数据记录和整理

### 1. 数据记录

按表 2.2.1 的样式记录数据。

表 2.2.1　数据记录表

| 实验次数 | 饱和压力，$kgf/cm^2$ | | | 饱和温度，℃ | | 误差 | |
|---|---|---|---|---|---|---|---|
| | 压力表读值 $p'$ | 大气压力 $B$ | 绝对压力 $p=p'+B$ | 温度计读值 $t'$ | 理论值 $t$ | $\Delta t=t-t'$ | $\frac{\Delta t}{t}\times100\%$ |
| 1 | | | | | | | |
| 2 | | | | | | | |
| 3 | | | | | | | |
| 4 | | | | | | | |
| 5 | | | | | | | |

### 2. $p-t$ 关系曲线

将实验结果点绘在坐标上，清除偏离点，绘制曲线，如图 2.1.2 所示。

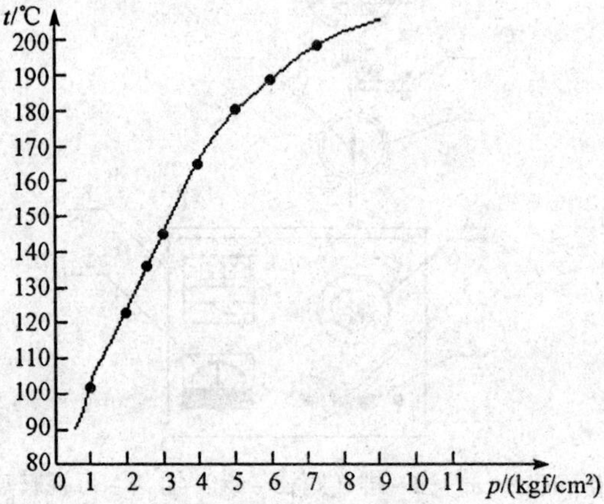


图 2.1.2　$p-t$ 关系图

3. 经验公式

将实验曲线绘制在双对数坐标纸上，基本呈一直线，故饱和水蒸气压力和温度的关系可近似整理成下列经验公式：$t=100\sqrt[4]{p}$。

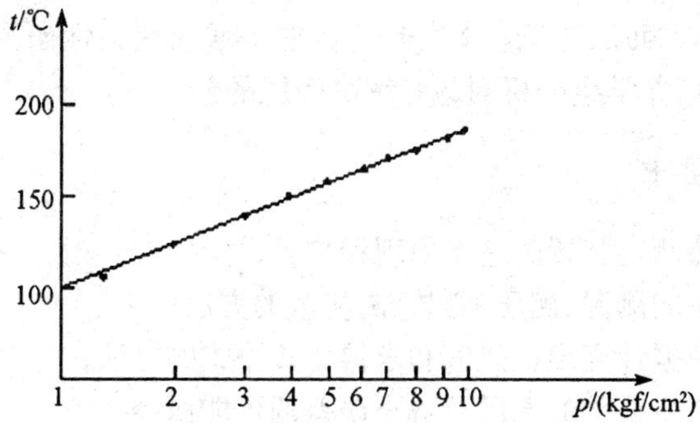


图 2.1.3　实验曲线

4. 误差分析

通过比较发现测量比标准值低 1% 左右，引起误差的原因可能有以下几个方面：

(1)读数误差。

(2)测量仪表精度引起的误差。

(3)利用测量管测温所引起的误差。

## 五、问题讨论

1. 如果气腔中包含空气，会产生什么影响？
2. 对于该装置实验过程，应特别注意哪些安全措施？

## 六、注意事项

1. 实验装置通电后必须有专人看管。
2. 实验装置使用压力为 $10 kgf/cm^2$（表压），切不可超压操作。

# 2.2 气体定压比热测定实验

气体定压比热测定实验中涉及温度、压力、热量(电功)、流量等基本量的测量;计算中用到比热及混合气体方面的知识。本实验的目的是增加热物性研究方面的感性认识,理论联系实际,以利于培养学生分析问题和解决问题的能力。

## 一、实验目的和要求

1. 了解气体比热测定装置的基本原理和构思;
2. 熟悉本实验中的测温、测压、测热、测流量的方法;
3. 掌握由基本数据计算出比热值和求得比热公式的方法;
4. 分析本实验产生误差的原因及减小误差的可能途径。

## 二、实验装置和原理

装置由风机、流量计、比热仪主体、电功率调节及测量系统等4部分组成,如图2.2.1所示。实验时,被测空气(也可以是其他气体)由风机经流量计送入比热仪主体(见图2.2.2),经加热、均流、旋流、混流后流出。在此过程中,分别测定:空气在流量计出口处的干、湿球温度($t_0, t_w$);气体经比热仪主体的进出口温度($t_1, t_2$);气体的体积流量($\dot{V}$);电热器的输入功率($W$);实验时相应的大气压($B$)和流量计出口处的表压($\Delta h$)。有了这些数据,并查用相应的物性参数,即可计算出被测气体的定压比热($C_{pm}$)。

气体的流量由节流阀控制,气体出口温度由输入电热器的功率来调节。本比热仪可测300℃以下的定压比热。

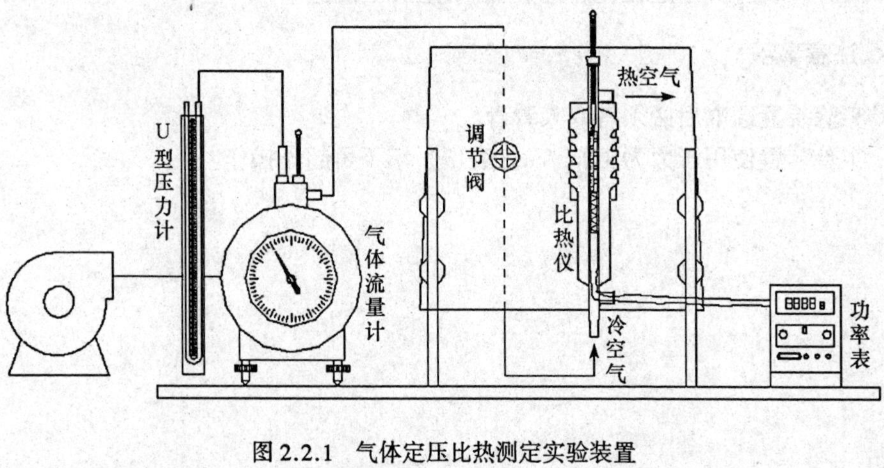


图2.2.1 气体定压比热测定实验装置

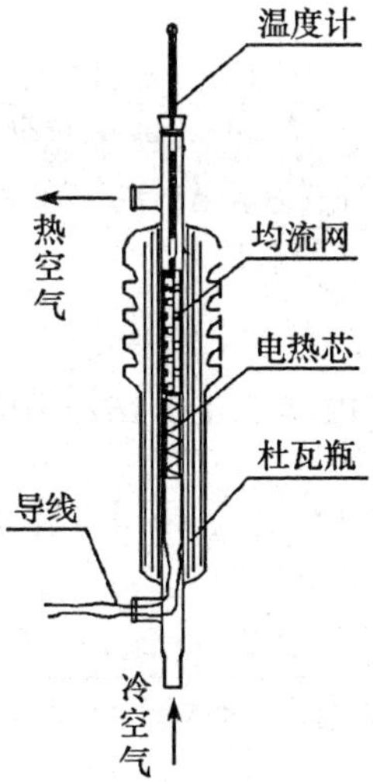


图 2.2.2　比热仪主体

**三、实验步骤和数据处理**

1. 接通电源及测量仪表,选择所需的出口温度计插入混流网的凹槽中。

2. 摘下流量计上的温度计,开动风机,调节节流阀,使流量保持在额定值附近。测出流量计出口空气的干球温度($t_0$)和湿球温度($t_w$)。

3. 将温度计插回流量计,调节流量,使它保持在额定值附近。逐渐提高电热器功率,使出口温度升高至预计温度。可以根据下式预先估计所需电功率:$W \approx 12\Delta t/\tau$,其中 $W$ 为电热器输入电功率(W),$\Delta t$ 为进出口温度差(℃),$\tau$ 为每流过 10L 空气所需的时间(s)。

4. 待出口温度稳定后(出口温度在 10min 之内无变化或有微小起伏,可视为稳定),读出下列数据:每 10L 空气通过流量计所需时间($\tau$,s);比热仪进口温度(即流量计的出口温度)($t_1$,℃)和出口温度($t_2$,℃);相应的大气压力($B$,mmHg)和流量计出口处的表压($\Delta h$,mmHg);电热器的输入功率($W$,W)。

5. 根据流量计出口空气的干球温度和湿球温度,从湿空气的干湿图查出含湿量($d$,g/kg),根据下式计算出水蒸气容积成分:

$$r_w = \frac{d/622}{1 + d/622}$$

6. 根据电热器消耗的电功率,可算出电热器单位时间放出的热量:

$$\dot{Q} = \frac{W}{4.1868 \times 10^3} \quad [\text{kcal/s}]$$

7. 干空气流量(质量流量)为:

$$\dot{G}_g = \frac{P_g \dot{V}}{R_g T_0} = \frac{(1 - r_w)(B + \Delta h/13.6) \times 10^4/735.56 \times 10/(1000\tau)}{29.27(t_0 + 273.15)}$$

$$= \frac{4.6447 \times 10^{-3}(1 - r_w)(B + \Delta h/13.6)}{\tau(t_0 + 273.15)} \quad [\text{kg/s}]$$

8. 水蒸气流量为：

$$\dot{G}_w = \frac{P_w\dot{V}}{R_wT_0} = \frac{r_w(B+\Delta h/13.6)\times 10^4/735.56\times 10/(1000\tau)}{47.06(t_0+273.15)}$$

$$= \frac{2.8889\times 10^{-3}\, r_w(B+\Delta h/13.6)}{\tau(t_0+273.15)} \quad [\mathrm{kg/s}]$$

9. 水蒸气吸收的热量：

$$Q_w = \dot{G}_w\int_{t_1}^{t_2}(0.1101+0.0001167t)\mathrm{d}t$$

$$= \dot{G}_w[0.4404((t_2-t_1)+5.835\times 10^{-5}(t_2^2-t_1^2)] \quad [\mathrm{kcal/s}]$$

10. 干空气的定压比热为：

$$C_{0m}\Big|_{t_1}^{t_2} = \frac{\dot{Q}_g}{G_g(t_2-t_1)} = \frac{\dot{Q}-\dot{Q}_w}{G_g(t_2-t_1)} \quad [\mathrm{kcal/(kg\cdot ℃)}]$$

11. 计算举例

某一稳定工况的实测参数如下：

$t_0=8℃$；　　$t_w=7.5℃$；　　$B=748.0\mathrm{mmHg}$；

$t_1=8℃$；　　$t_2=240.3℃$；　　$\tau=69.96\mathrm{s/10L}$；

$\Delta h=16\mathrm{mmHg}$；　　$W=41.84\mathrm{kW}$

查干湿图得 $d=6.3\mathrm{g/kg}$ 干空气，这样

$$r_w=\frac{6.3/622}{1+6.3/622}=0.010027$$

$$\dot{Q}=\frac{41.84}{4.1868\times 10^3}=9.9938\times 10^{-3}\mathrm{kcal/s}$$

$$\dot{G}_g=\frac{4.6447\times 10^{-3}\times(1-0.010027)\times(748+16/13.6)}{69.96\times(8+273.15)}=175.14\times 10^{-6}\mathrm{kg/s}$$

$$\dot{G}_w=\frac{2.8889\times 10^{-3}\times 0.010027\times(748+16/13.6)}{69.96\times(8+273.15)}=1.1033\times 10^{-6}\mathrm{kg/s}$$

$$\dot{Q}_w=1.103\times 10^{-6}\times[0.44\times(240.3-8)+5.835\times 10^{-5}\times(240.3-8^2)]$$

$$=0.1166\times 10^{-3}\mathrm{kcal/s}$$

$$C_{0m}\Big|_{t_1}^{t_2}=\frac{9.9938\times 10^{-3}-0.1166\times 10^{-3}}{175.14\times 10^{-6}\times(240.3-8)}=0.2428\mathrm{kcal/(kg\cdot ℃)}$$

12. 比热随温度的变化关系

假定在 0～300℃之间，空气的真实定压比热与温度之间近似地有线性关系，则由 $t_1$ 到 $t_2$ 的平均比热为：

$$C_{0m}\Big|_{t_1}^{t_2} = \frac{\int_{t_1}^{t_2}(a+bt)\mathrm{d}t}{t_2-t_1} = a+b\frac{t_2+t_1}{2}$$

因此，若以$\frac{t_2+t_1}{2}$为横坐标，$C_{0m}\Big|_{t_1}^{t_2}$为纵坐标画图，见图 2.2.3，则可根据不同的温度范围内的平均比热确定截距 $a$ 和斜率 $b$，从而得出比热随温度变化的计算式。

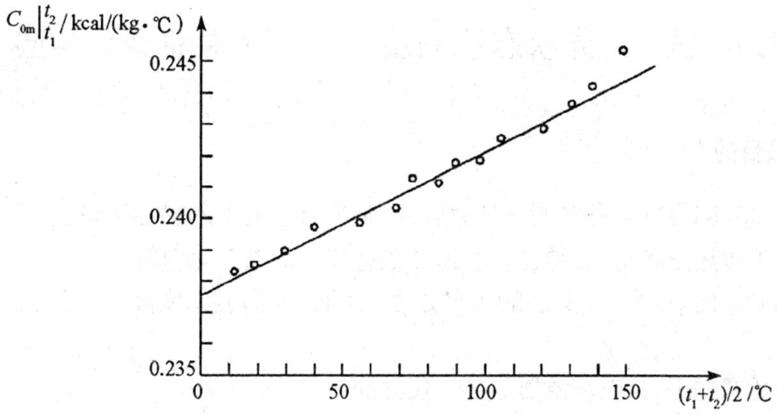


图 2.2.3　定压比热随温度变化曲线

## 四、问题讨论

1. 电加热器辐射损失有哪些影响?

2. 引起实验误差的因素包含哪些?

3. 影响比热仪出口温度稳定的因素有哪些?

## 五、注意事项

1. 切勿在无气流通过的情况下使电热器投入工作,以免引起局部过热而损坏比热仪主体。

2. 输入电热器的电压不得超过 220V。气体出口最高温度不得超过 300℃。

3. 加热和冷却要缓慢进行,防止温度计和比热仪主体因温度骤增骤降而破裂。

4. 停止试验时,应切断电热器,让风机继续运行 15min 左右(温度较低时可适当缩短)。

# 2.3 $CO_2$ 临界状态观测及 $p-v-t$ 关系测定实验

## 一、实验目的

1. 了解 $CO_2$ 临界状态的观测方法，增加对临界状态概念的感性认识。

2. 增加工质热力状态、凝结、汽化、饱和状态等基本概念的理解。

3. 掌握 $CO_2$ 的 $p-v-t$ 关系的测定方法，学会用实验测定实际气体状态变化规律的方法和技巧。

4. 学会活塞式压力计、恒温器等热工仪器的正确使用方法。

## 二、实验内容

1. 测定 $CO_2$ 的 $p-v-t$ 关系。在 $p-v$ 坐标系中绘出低于临界温度（$t=20℃$）、临界温度（$t=31.1℃$）和高于临界温度（$t=50℃$）的 3 条等温曲线，并与标准实验曲线及理论计算值相比较，分析其差异原因。

2. 测定 $CO_2$ 在低于临界温度（$t=20℃$、$27℃$）时饱和温度与饱和压力之间的对应关系，并与图 2.3.4 中的 $t_s-p_s$ 曲线比较。

3. 观测临界状态

(1)临界状态附近气液两相模糊的现象。

(2)气液整体相变现象。

(3)测定 $CO_2$ 的 $p_c$、$v_c$、$t_c$ 等临界参数，并将实验所得的 $v_c$ 值与理想气体状态方程和范德瓦尔方程的理论值相比较，简述其差异原因。

## 三、实验设备及原理

整个实验装置由压力台、恒温器和实验台本体及其防护罩等三大部分组成，如图 2.3.1 所示。图 2.3.2 是实验台本体。

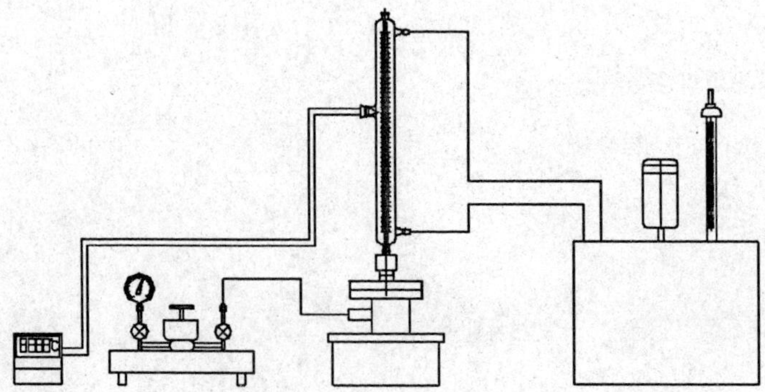


图 2.3.1 试验台系统图

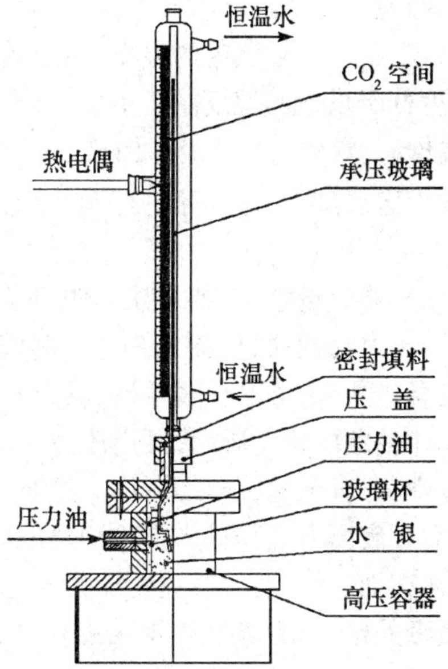


1 – 高压容器;2 – 玻璃杯;3 – 压力机;4 – 水银;5 – 密封填料;6 – 填料压盖;
7 – 恒温水套;8 – 承压玻璃杯;9 – $CO_2$ 空间;10 – 温度计

图 2.3.2　实验台本体

对简单可压缩热力系统,当工质处于平衡状态时,其状态参数 $p$、$v$、$t$ 之间有:

$$F(p,v,t)=0 \text{ 或 } t=f(p,v) \tag{2.3.1}$$

本实验就是根据式(2.3.1),采用定温方法来测定 $CO_2$ 的 $p-v-t$ 关系,从而找出 $CO_2$ 的 $p-v-t$ 关系。

实验中,压力台油缸的压力通过压力油传入高压容器和玻璃杯上半部,迫使水银进入预先装了 $CO_2$ 气体的承压玻璃管容器,$CO_2$ 被压缩,其压力通过压力台上的活塞杆的进、退来调节。温度由恒温器供给的水套里的水温来调节。

实验工质 $CO_2$ 的压力值是由装在压力台上的压力表读出;温度由插在恒温水套中的温度计读出;比容首先由承压玻璃管内二氧化碳柱的高度来测量,而后再根据承压玻璃管内径截面不变等条件来换算得出。

## 四、实验步骤

1. 按图 2.3.1 装好实验设备,并开启实验本体上的日光灯(目的是易于观察)。

2. 恒温器准备及温度调节

(1)把水注入恒温器内,至离盖 30 ~ 50mm。检查并接通电路,启动水泵,使水循环对流。

(2)把温度调节仪波段开关拨向调节,调节温度旋钮设置所要调定的温度,再将温度调节仪波段开关拨向显示。

(3)视水温情况,开、关加热器,当水温未达到要调定的温度时,恒温器指示灯是亮的,当指示灯时亮时灭闪动时，说明温度已达到所需要恒温。

(4)观察温度，其读数的温度点温度与设定的温度一致(或基本一致)时，则可近似认为承压玻璃管内的 $CO_2$ 的温度处于设定的温度。

(5)当所需要改变实验温度时，重复(2)~(4)步即可。

注：当初始水温高于实验设定温度时，应加冰进行调节。

3. 加压前的准备

因为压力台的油缸容量比容器容量小，需要多次从油杯里抽油，再向主容器管充油，才能在压力表显示压力读数。压力台抽油、充油的操作过程非常重要，若操作失误，不但加不上压力，还会损坏试验设备。所以，务必认真掌握，其步骤如下：

(1)关压力表及其进入本体油路的两个阀门，开启压力台油杯上的进油阀。

(2)摇退压力台上的活塞螺杆，直至螺杆全部退出。这时，压力台油缸中抽满了油。

(3)先关闭油杯阀门，然后开启压力表和进入本体油路的两个阀门。

(4)摇进活塞螺杆，使本体充油。如此交复，直至压力表上有压力读数为止。

(5)再次检查油杯阀门是否关好，压力表及本体油路阀门是否开启。若均已调定后，即可进行实验。

4. 作好实验的原始记录

(1)设备数据记录

仪器、仪表名称、型号、规格、量程等。

(2)常规数据记录

室温、大气压、实验环境情况等。

(3)承压玻璃管内 $CO_2$ 质量不便测量，而玻璃管内径或截面积 $A$ 又不易测准，因而实验中采用间接办法来确定 $CO_2$ 的比容，即认为 $CO_2$ 的比容 $v$ 与其高度是一种线性关系。具体方法如下：

① 已知 $CO_2$ 液体在 20℃、9.8MPa 时的比容 $v=0.00117\text{m}^3/\text{kg}$；

② 实际测定实验台在 20℃、9.8MPa 时的 $CO_2$ 液柱高度 $\Delta h_0$(注意玻璃管水套上刻度的标记方法)；

③ $v(20℃,9.8\text{MPa})=\dfrac{\Delta h_0 A}{m}=0.00117\text{m}^3/\text{kg}$

$$\frac{m}{A}=\frac{\Delta h_0}{0.00117}=K[\text{kg/m}^2]$$

其中，$K$ 为玻璃管内 $CO_2$ 的质面比常数。所以，任意温度、任意压力下 $CO_2$ 的比容为：

$$v=\frac{\Delta h}{m/A}=\frac{\Delta h}{K}[\text{m}^3/\text{kg}]$$

式中，$\Delta h=h-h_0$，$h$ 为任意温度、任意压力下水银柱高度，$h_0$ 为承压玻璃管内径顶端刻度。

5. 测定低于临界温度 $t=20℃$时的等温线

(1)将恒温器调定在 $t=20℃$，并保持恒温。

(2)压力从 4.41MPa 开始,当玻璃管内水银柱升起来后,应足够缓慢地摇进活塞螺杆,以保证等温条件。否则,如果不平衡,则读数不准。

(3)按照适当的压力间隔取 $h$ 值,直至压力 $p=9.8$MPa。

(4)注意加压后 $CO_2$ 的变化,特别是注意饱和压力与饱和温度之间的对应关系以及液化、汽化等现象。要将测得的实验数据及观察到的现象一并填入表 2.3.1 中。

(5)测定 $t=25$℃、27℃时其饱和温度和饱和压力的对应关系。

6. 测定临界参数并观察临界现象

(1)按上述方法和步骤测出临界等温线,并在该曲线的拐点处找出临界压力 $p_c$ 和临界比容 $v_c$,并将数据填入表 2.3.1 中。

(2)观察临界现象

① 整体相变现象

由于在临界点时,汽化潜热等于零,饱和汽线和饱和液线合于一点,所以这时汽液的相互转变不像临界温度以下时那样逐渐积累,表现为渐变过程。此时的压力稍有变化,汽、液是以突变的形式相互转化的。

② 汽、液两相模糊不清的现象

处于临界点的 $CO_2$ 具有共同参数($p,v,t$),因而不能区别此时 $CO_2$ 是气态还是液态。如果说它是气体,那么该气体是接近液态的气体;如果说它是液体,那么该液体又是接近气态的液体。因为这时处于临界温度下,如果按等温线过程进行,使 $CO_2$ 压缩或膨胀,那么,管内是什么也看不到的。现在,按绝热过程来进行。首先在压力等于 7.64MPa 附近,突然降压,$CO_2$ 状态点由等温线沿绝热线降到液区,管内 $CO_2$ 出现明显的液面。这就是说,如果这时管内的 $CO_2$ 是气体的话,那么,这种气体离液区很接近,可以说是接近液态的气体;当在膨胀之后,突然压缩 $CO_2$ 时,这个液面又立即消失了。这就告诉我们,这时 $CO_2$ 液体离气区也是非常接近的,可以说是接近气态的液体。此时的 $CO_2$ 既接近气态,又接近液态,所以处于临界点附近。可以这样说,临界状态究竟如何,就是饱和汽、液分不清。这就是临界点附近饱和汽、液模糊不清的现象。

7. 测定高于临界温度 $t=50$℃时的定温线。将数据填入原始记录表 2.3.1 中。

## 五、实验结果处理和分析

1. 按表 2.3.1 所记录的数据,在如图 2.3.3 的 $p-v$ 坐标系中画出 3 条等温线。

2. 将实验测得的等温线与图 2.3.3 所示的标准等温线比较,并分析它们之间的差异及原因。

3. 将实验测得的饱和温度与压力的对应值与图 2.3.4 给出的 $t_s-p_s$ 曲线相比较。

4. 将实验测定的临界比容 $v_c$ 与理论计算值一并填入表 2.3.2 中,并分析它们之间的差异及其原因。

表 2.3.1　$CO_2$ 等温实验原始记录

<table>
<tr><td colspan="4">$t=20$℃</td><td colspan="4">$t=31.1$℃(临界)</td><td colspan="4">$t=50$℃</td></tr>
<tr><td>$p/$ MPa</td><td>$\Delta h$</td><td>$v=\Delta h/K$</td><td>现象</td><td>$p/$ MPa</td><td>$\Delta h$</td><td>$v=\Delta h/K$</td><td>现象</td><td>$p/$ MPa</td><td>$\Delta h$</td><td>$v=\Delta h/K$</td><td>现象</td></tr>
<tr><td></td><td></td><td></td><td></td><td></td><td></td><td></td><td></td><td></td><td></td><td></td><td></td></tr>
<tr><td></td><td></td><td></td><td></td><td></td><td></td><td></td><td></td><td></td><td></td><td></td><td></td></tr>
<tr><td></td><td></td><td></td><td></td><td></td><td></td><td></td><td></td><td></td><td></td><td></td><td></td></tr>
<tr><td colspan="12">进行等温线实验所需时间</td></tr>
<tr><td colspan="4">min</td><td colspan="4">min</td><td colspan="4">min</td></tr>
<tr><td colspan="4"></td><td colspan="4"></td><td colspan="4"></td></tr>
</table>

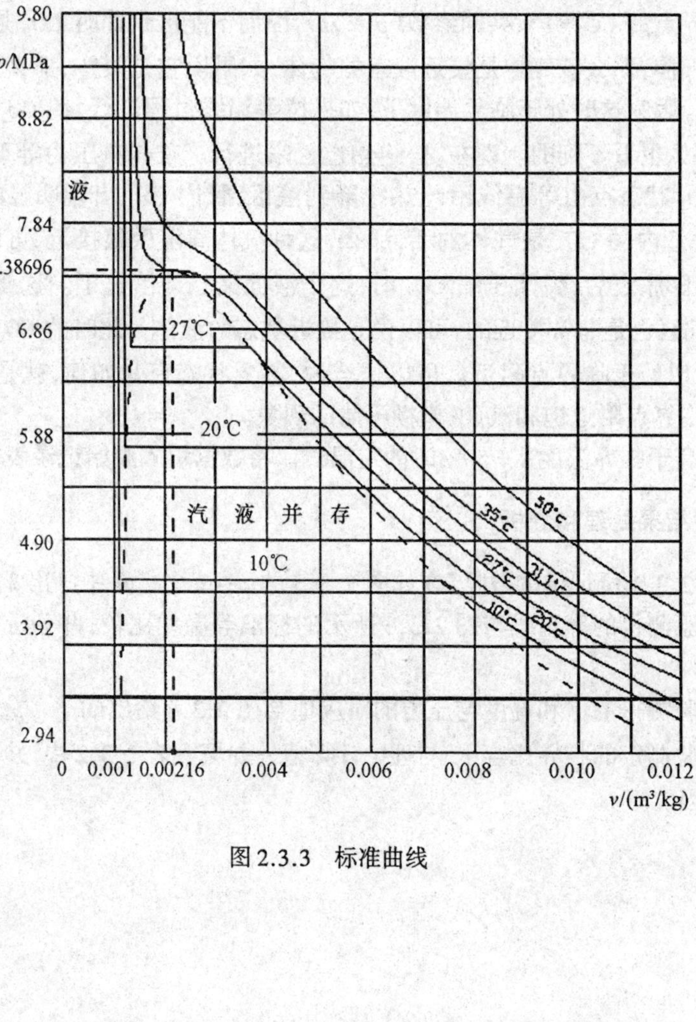


图 2.3.3　标准曲线

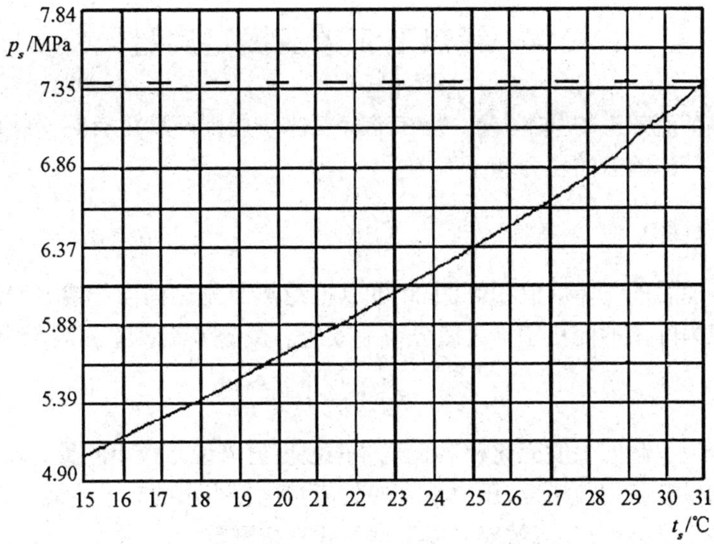


图 2.3.4　$t_s-p_s$ 曲线

**表 2.3.2　临界比容 $v_c$(单位为 $m^3/kg$)**

| 标准值 | 实验值 | $v_c=RT_c/p_c$ | $v_c=3/8$ | $RT/p_c$ |
|---|---|---|---|---|
| 0.00216 | | | | |
| | | | | |

## 六、问题讨论

1. 该实验装置应特别注意哪些安全措施?
2. 如何调节 $CO_2$ 的温度?
3. 为什么玻璃管内 $CO_2$ 的质面比 $K$ 是不变的?
4. $p-v$ 图上过临界点等温线的相变过程有什么现象?

## 2.4 绝热节流效应测定实验

测定绝热节流效应的基本方法,是在维持气体与周围环境没有热交换的条件下对气体节流而测其节流前后的压力和温度的。

### 一、实验原理

绝热节流前后的气体焓值相等,因此可以把绝热节流过程当作焓不变的过程。此过程中温度随压力降落的变化率称为微分节流效应。微分节流效应 $\mu$ 表示为

$$\mu=\left(\frac{\partial T}{\partial p}\right)_h \tag{2.4.1}$$

气体因节流引起的温度变化相对于气体的温度值来说是很小的量。如果将上式中的温度和压力的微分量用与温度、压力本身的数值相比相当小的有限差值代替,所得结果十分接近实际。于是,微分节流效应可以根据下式直接测定:

$$\mu=\left(\frac{\Delta T}{\Delta p}\right)_h \tag{2.4.2}$$

测定时,通常维持节流的压力降 $\Delta p$ 为 1bar 左右。0℃的空气绝热节流时,压力每降 1bar,温度约降低 0.28℃。

当绝热节流的压力降相当大时,引起的气体温度变化值称为积分节流效应。积分节流效应($T_2-T_1$)与微分节流效应 $\mu$ 的关系如下:

$$T_2-T_1=\int_{p_1}^{p_2}\mu\,\mathrm{d}p \tag{2.4.3}$$

或表示为

$$T_2-T_1=\sum_{p_1}^{p_2}\mu\Delta p \tag{2.4.4}$$

式中 $p_1$、$T_1$ 分别是节流前气体的压力和温度,$p_2$、$T_2$ 分别是节流后气体的压力和温度。

直接测定积分节流效应很方便。只要实验的压力范围足够大,就可以根据直接测定的不同压力降落时的积分节流效应 $T_2-T_1$ 数据,在 $t-p$ 图上画出一条等焓线,如图 2.4.1 所示。等焓线的斜率即为式(2.4.1)所表示的微分节流效应。改变节流前气体的状态($p_1$, $T_1$)可以得到不同焓值的等焓线,从而求得微分节流效应与温度、压力的关系。

### 二、实验设备

实验用的设备和仪器仪表有节流器、恒温器、标准压力表、温度计(测温电阻和电桥)、大气压力计和气源设备等。

实验装置系统如图 2.4.2 所示。空气压缩机 4 供给的空气先经过一组干燥器 3。干燥器内填装氯化钙、碳酸钠、硅胶等各种填料,除去空气中的水分和二氧化碳。进入节流器 1 的空气温度用恒温器 2 控制,恒温器内布置 8m 长铜管构成的换热器。节流前的空气压力由阀门 5 调节,并由节流器进气管上的压力表指示。节流后的空气压力用调压阀 6

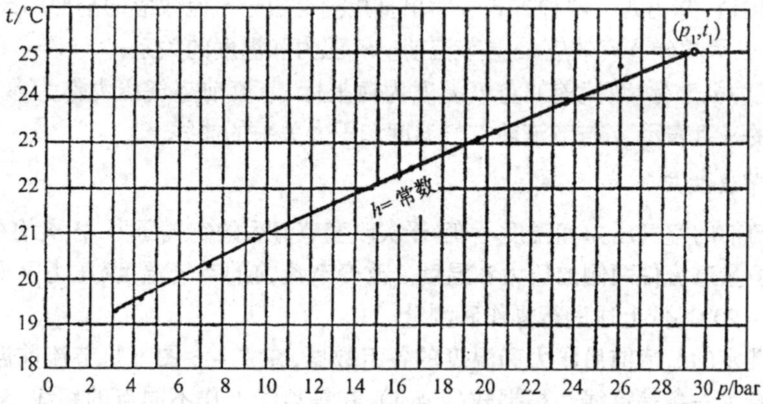


图 2.4.1　$t-p$ 图上的等焓线

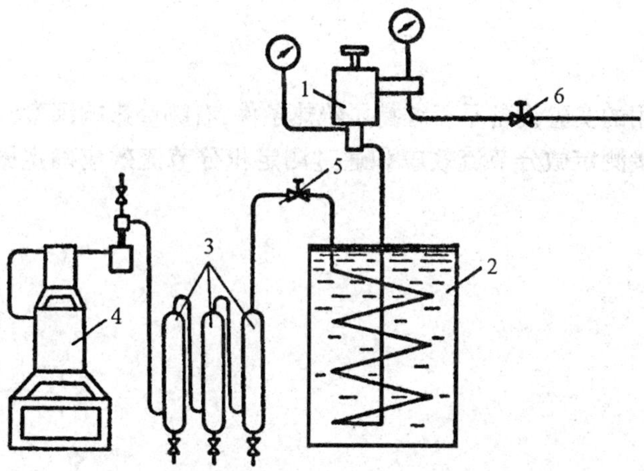


1－节流器;2－恒温器;3－干燥器;4－空气压缩机设备;5－阀门;6－调压阀

图 2.4.2　绝热节流实验装置系统

调整,并由节流器排气管上的压力表指示。调压阀后的排气管上,还可以装孔板及压差计测量流量,作为实验的参考数据。

## 三、实验方法及数据整理

实验工作是测量节流件两侧的空气压力和温度。压力和温度的测量要求较高的精度。测定微分节流效应和积分节流效应的方法分别如下。

### 1. 微分节流效应

维持节流前的空气压力为某一值,逐次改变节流前的空气温度,各次均在实验工况达到稳定后测量节流件两侧的压力和温度。改变节流前的空气压力值,依上述步骤进行操作和测量。实验中,节流件两侧的压力差要维持在 1bar 左右。

根据实验测定的节流件两侧空气的压力和温度的各组数据,由式(2.4.2)计算出微分

节流效应 $\mu$ 的值，并用如下两种方式表示出直接测定微分节流效应的全部结果：

(1)列表表示微分节流效应 $\mu$ 与节流前空气压力和温度的关系；

(2)以 $\mu$ 为纵坐标、节流前的空气温度为横坐标、节流前空气压力作为参变量，画出由实验所得的一组表示 $\mu$ 与节流前空气温度和压力关系的曲线。

2. 积分节流效应

维持节流前的空气压力和温度不变，逐次改变节流后的空气压力，各次均在实验工况达到稳定后测量节流件两侧的压力和温度。改变节流前的空气温度(压力不变)，例如升高或降低 10~20℃，依上述进行操作和测量。

用实验测定的节流前后压力和温度的各组数据，在 $T-p$ 图上将节流前温度不变的一组数据拟合为一条等焓线。根据式(2.4.1)，在等焓线上作不同点的切线，求出空气在不同状态下的一组微分节流效应 $\mu$ 值。用前述列表和曲线图两种方式，表示出通过测定积分节流效应确定的微分节流效应的全部实验结果。

## 四、问题讨论

1. 试分析所用的实验设备是否维持了绝热条件，有哪些影响因素？

2. 试比较直接测定微分节流效应和通过测定积分节流效应确定微分节流效应两种方法的优缺点。

## 2.5　喷管中气体流动实验

喷管是一些热工设备中的重要部件，这些设备的工作过程与喷管中气体的流动过程有密切关系。实验观察气流完全膨胀时沿喷管的压力变化、测定流量曲线和临界压力比，可以帮助了解喷管中气体流动现象的基本特性，并且通过观察渐缩渐扩喷管中膨胀不足和膨胀过度的现象，还可进一步了解工作条件对喷管中流动过程的影响。

### 一、实验原理

气体流经喷管的流动过程中，比容 $v$、流速 $V$ 和喷管截面积 $A$ 之间的基本关系如下：

$$\frac{\mathrm{d}V}{V}+\frac{\mathrm{d}A}{A}-\frac{\mathrm{d}v}{v}=0 \tag{2.5.1}$$

喷管可以用 $A=A(x)$ 表示截面积沿轴向距离 $x$ 的变化。在设计的进气压力和排气压力（又称为背压）条件下，气体在喷管内绝热流动时的压力变化可用下式表示：

$$\frac{1}{p}\frac{\mathrm{d}p}{\mathrm{d}x}=\frac{kMa^2}{A(Ma^2-1)}\frac{\mathrm{d}A}{\mathrm{d}x} \tag{2.5.2}$$

式中，$Ma$ 为马赫数，$k$ 是等熵指数。当 $Ma<1$ 时，表明气流流速小于当地声速，为亚声速流动；当 $Ma=1$ 时，气流流速等于当地声速值；当 $Ma>1$ 时，气流流速大于当地声速，气流作超声速流动。

当喷管的使用条件改变时，喷管内气流的压力分布发生变化，气流的流速和质量流量也将发生不同的变化。

#### 1. 渐缩喷管

气体流经喷管的膨胀程度可以用喷管的背压 $p_2$ 和进口压力 $p_1$ 之比 $\beta$ 表示，$\beta=p_2/p_1$ 称为压力比。气体在渐缩喷管内绝热流动的最大膨胀程度取决于临界压力比 $\beta_c$：

$$\beta_c=\frac{p_c}{p_1}=\left(\frac{2}{k+1}\right)^{\frac{k}{k-1}} \tag{2.5.3}$$

临界压力比只与气体的等熵指数有关。对于空气等双原子气体，$k=1.4$，$\beta_c=0.528$。上式中 $p_c$ 即为气体在渐缩喷管中膨胀所能达到的最低压力，称为临界压力，$p_c=\beta_c p_1$，取决于进口压力 $p_1$。气体在渐缩喷管中由 $p_1$ 膨胀到 $p_2=p_c$，如图 2.5.1 中曲线 1 所示，是最充分的完全膨胀情况。这时，喷管出口的气流流速达到当地声速的数值，称为临界流速。当背压 $p_2$ 低于临界压力 $p_c$ 时，气体在渐缩喷管中不能继续膨胀到背压 $p_2$，而只膨胀到临界压力 $p_c$。这时，喷管内气流压力的变化情况仍如曲线 1 所示，不受背压 $p_2$ 降低的影响，在喷管出口截面上的气流流速仍为临界流速。而气流一离开出口截面就发生突然膨胀，压力降低到背压 $p_2$，如图 2.5.1 中示意的线段 5 所示，并因而引起气流损失一部分动能。当背压 $p_2$ 大于临界压力 $p_c$ 时，气体在喷管中一直膨胀到背压 $p_2$，如图 2.5.1 中曲线 2、3、4 所示的各种情况。

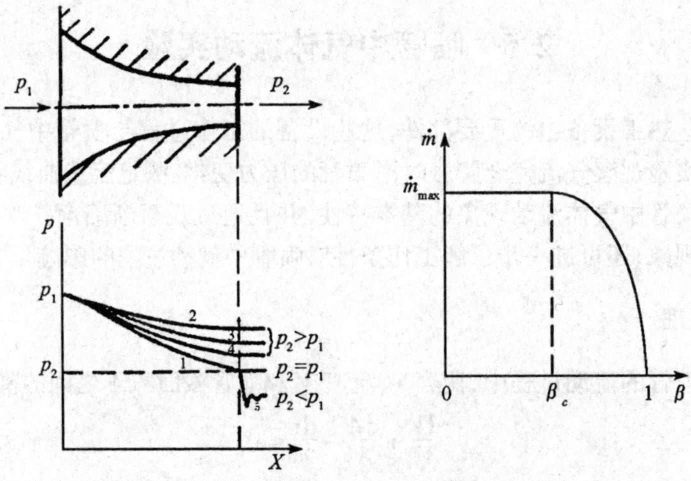


1－$p_2=p_c$ 的情况；2、3、4－$p_2>p_c$ 的情况；5－$p_2<p_c$ 的情况

图 2.5.1　渐缩喷管中的压力分布

通过渐缩喷管的气体的质量流量 $\dot{m}$ 与压力比 $\beta$ 有关，计算公式为

$$\dot{m}=A_2\sqrt{\frac{2k}{k-1}\frac{p_1}{v_1}\left[\left(\frac{p_2}{p_1}\right)^{2/k}-\left(\frac{p_2}{p_1}\right)^{(k+1)/k}\right]}\quad [\mathrm{kg/s}] \tag{2.5.4}$$

式中，$A_2$ 是喷管的出口截面积，单位为 $\mathrm{m}^2$；$p_1$、$p_2$ 分别是喷管进口截面上的气体压力和背压，单位为 $\mathrm{N/m}^2$；$v_1$ 是喷管进口截面上的气体比容，单位为 $\mathrm{m}^3/\mathrm{kg}$。当 $p_2=p_c$ 时，上式还可根据式(2.5.3)的关系整理为：

$$\dot{m}_{max}=A_2\sqrt{\frac{2k}{k+1}\frac{p_1}{v_1}\left(\frac{2}{k+1}\right)^{2/(k-1)}}\quad [\mathrm{kg/s}] \tag{2.5.5}$$

2. *渐缩渐扩喷管*

气体流经渐缩渐扩喷管时完全膨胀的程度决定于喷管的出口截面积 $A_2$ 与喷管中的最小截面积 $A_{min}$ 的比值。喷管在设计条件下工作时，气流完全膨胀，压力分布如图 2.5.2 中的曲线 1 所示。在最小截面上，压力为临界压力，气流达到临界流速，在渐扩段转入超声速流动。当背压低于设计值时，气流膨胀不足，在喷管中仍如图 2.5.2 中曲线 1 膨胀到设计的背压值。气流一离开出口截面就发生突然膨胀，压力降低到实际的背压值，如图 2.5.2 中的线段 7 所示，并因突然膨胀而引起气流损失一部分动能。当背压 $p_2$ 高于设计值时气流膨胀过度，气流在喷管中膨胀到比外界背压低的压力，而后在达到出口截面之前发生压缩过程，压力提高到外界背压而排出，如图 2.5.2 中的线段 2、3、4 所示，而且开始发生突然压缩的位置随背压的提高而向最小截面移动。背压继续升高时，喷管最小截面上的压力终将不再保持临界压力，而随背压升高而升高。这时，气体在最小截面之前（即渐缩段）的膨胀情况也受背压改变的影响，各截面上的压力随背压的升高而升高，如图 2.5.2 中的曲线 5、6 所示。喷管中开始出现压缩过程的位置发生在最小截面时的压力比为 $\beta_{2c}$，且有

$$\beta_{2c}=\beta_c+(1-\beta_c)\sqrt{1-\left(\frac{A_{\min}}{A_2}\right)^2} \tag{2.5.6}$$

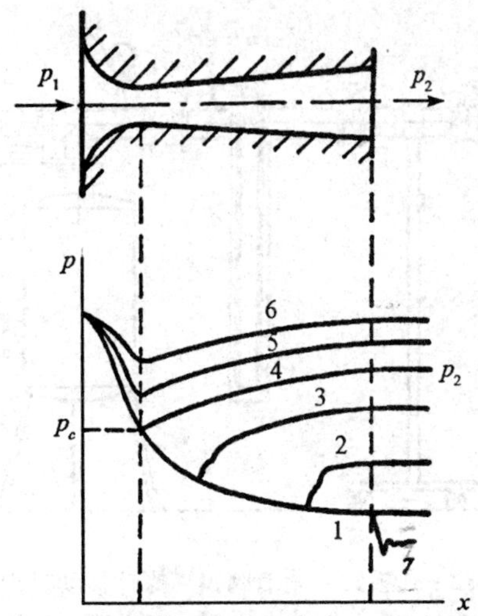


1 – 设计条件下工作时的压力分布；2、3、4、5、6 – 膨胀过渡时的压力分布；

7—膨胀不足时喷管出口出现的突然膨胀

图 2.5.2　渐缩渐扩喷管中的压力分布

渐缩渐扩喷管也有像渐缩喷管一样图形的流量曲线，当 $\beta\leqslant\beta_{2c}$ 时，出现最大流量。此最大流量值仍可用式(2.5.5)计算，只要将式中的 $A_2$ 改为 $A_{\min}$。

## 二、实验设备

喷管各截面上的压力采用探针测量，如图 2.5.3 所示，探针可以沿喷管轴线移动。

实验需要的设备和仪器仪表有：喷管实验段(渐缩喷管和渐缩渐扩喷管各一)、流量计、压力表(本实验用真空表)、水银温度计和气源设备等。

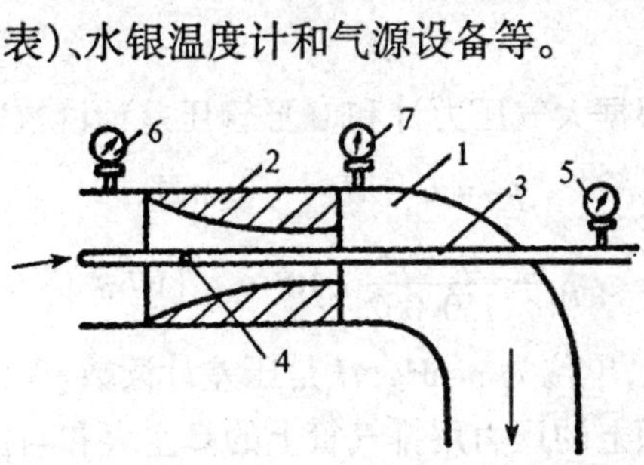


1 – 管道；2 – 喷管；3 – 探针；4 – 测压孔；5 – 测量喷管各截面压力的压力表；

6 – 测量喷管入口压力的压力表；7 – 测量喷管排气管道中压力的压力表

图 2.5.3　探针测压简图

实验装置系统如图 2.5.4 所示。采用真空泵作为气源设备，装在喷管排气侧。喷管入口的气体状态用测压计 6 和温度计 7 测量。气体流量用风道上的孔板流量计 2 测量。

喷管排气管道中的压力 $p_2$ 用真空表 11 测量。喷管各截面上的压力用探针测取,转动探针移动机构 4 的手轮,可以移动探针测压孔的位置,测量的压力值由真空表 12 读取。

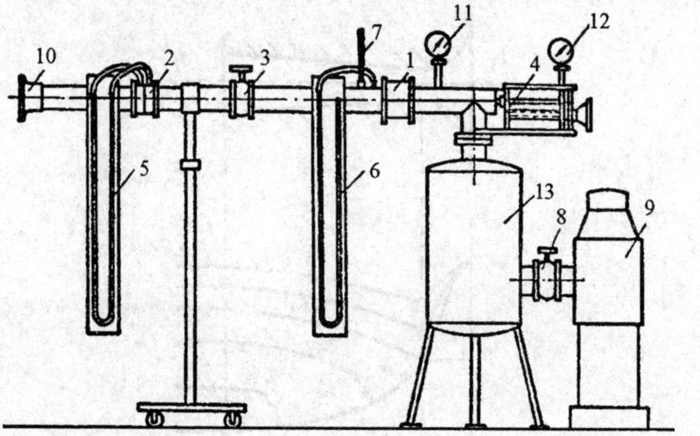


1 - 实验段(喷管);2 - 孔板;3 - 调节阀;4 - 探针移动机构;5 - 孔板压差计;
6 - 喷管入口压差计;7 - 水银温度计;8 - 调节阀;9 - 真空泵;10 - 风道;
11 - 背压真空表;12 - 与探针连通的真空表;13 - 稳压罐

图 2.5.4 喷管实验装置系统

实验中要求喷管入口的压力不变。风道上装调节阀 3,可根据流量增大或减小时孔板压差的变化适当开大或关小调节阀。仔细调节,使实验段 1 前管道中的压力维持在实验选定的数值。

喷管排气管道中的压力 $p_2$ 用调节阀 8 控制。气罐 13 起稳定排气管压力的作用。

## 三、实验方法及数据整理

实验中需要测定压力、喷管各截面的位置和流量等数据。测定方法如下:

### 1. 压力

喷管入口的压力 $p_1$ 根据大气压力计和 U 形管压差计读数确定如下:

$$p_1 = B - H \qquad [\text{mmHg}] \tag{2.5.7}$$

$$p_1 = \frac{B - H}{750.062} \times 10^5 \qquad [\text{N/m}^2] \tag{2.5.8}$$

式中 $B$ 是大气压力计读数,单位为 mmHg;$H$ 是压差计读数,单位为 mmHg。

背压 $p_2$ 和喷管各截面上的压力用排气管上的真空表和与探针相连通的真空表测量,并根据式(2.5.7)的关系确定。此时式中 $H$ 为真空表读数。

### 2. 喷管截面位置 $x$

根据探针移动机构上的位置指示器指示的探针测压孔位置确定。

### 3. 流量

根据孔板压差计读数,由所用孔板的流量校验曲线确定。

实验时，先选定喷管入口的实验压力和若干个(5个左右)背压实验值。当实验装置稳定在指定的工况时，逐次移动探针，读取和记录喷管入口的压力和温度、孔板压差、背压、探针测压孔的位置 $x$ 和所测得的压力、大气压力值。

探针测压孔的位置和测取的压力，可以通过电位器和压力传感器转换成电信号，因此喷管中的压力分布可以通过示波器显示或函数记录仪绘制成曲线。当实验装置配备这种电测系统时，可以配合手动测定进行演示。

实验观察中测定的数据可用下列方式表示观察到的现象和得到的结果：

(1)以压力为纵坐标，探针测压孔位置为横坐标，绘制不同工况时喷管内的压力分布曲线。

(2)以流量为纵坐标，压力比为横坐标，绘制流量曲线，确定临界压力比，并与根据测定的参数计算出的理论曲线进行比较。

## 四、问题讨论

1. 实验前如何选定实验条件(喷管入口压力和背压)才能观察到膨胀不足、膨胀过度等各种流动现象？试根据设备的具体条件、喷管尺寸和实验目的，列出打算测定的各种工况。

2. 实验测定结果和理论计算有什么不同？试分析之。

# 第三章　传热学实验

传热学是研究热量传递规律的科学。开设传热学实验，能使学生对热量传递规律产生一定的感性认识，巩固并加深对理论的理解；了解热工实验中各物理量的测量方法，熟悉热工检测仪表的工作原理、用途及调节方法；培养学生的科学态度和对实验结果的分析、综合及书写实验报告的能力。

## 3.1　稳态平板法测定绝热材料导热系数实验

### 一、实验目的

1. 巩固和深化稳定导热过程的基本理论，学习用平板法测定绝热材料导热系数的实验方法和技能。

2.. 测定试验材料的导热系数。

3. 确定试验材料导热系数与温度的关系。

### 二、实验原理

导热系数是表征材料导热能力的物理量。对于不同的材料，导热系数是不同的；对同一材料，导热系数还会随着温度、压力、湿度和物质的结构等因素而变化。各种材料的导热系数都用试验方法来测定，如果要分别考虑因素的影响，就需要针对各种因素加以试验，往往不能只在一种试验设备上进行。稳态平板法是一种应用一维稳态导热过程的基本原理来测定材料导热系数的方法，可以用来进行导热系数的测定试验，测定材料的导热系数及其与温度的关系。

试验设备是根据在一维稳态情况下通过平板的导热量 $Q$ 与平板两面的温差 $\Delta t$ 成正比，与平板的厚度 $\delta$ 成正比以及与导热系数 $\lambda$ 成正比的关系来设计的。

通过薄壁平板（壁厚小于十分之一壁长和壁宽）的稳定导热量为

$$Q=\frac{\lambda}{\delta}\cdot\Delta t\cdot F\quad[\mathrm{W}] \tag{3.1.1}$$

测定时，如果将平板两面的温差 $\Delta t=t_R-t_L$、平板厚度 $\delta$、垂直热流方向的导热面积 $F$ 和通过平板的热流量 $Q$ 测定以后，就可以根据下式得出导热系数：

$$\lambda=\frac{Q\cdot\delta}{\Delta t\cdot F}\quad[\mathrm{W/(m\cdot ℃)}] \tag{3.1.2}$$

需要指出，上式所得的导热系数是在当时的平均温度下材料的导热系数值，此平均温度为：

$$\bar{t} = \frac{1}{2}(t_R + t_L) \quad [℃] \tag{3.1.3}$$

在不同的温度和温差条件下测出相应的 $\lambda$ 值，然后将 $\lambda$ 值标在 $\lambda - \bar{t}$ 坐标图内，就可以得出 $\lambda = f(\bar{t})$ 的关系曲线。

## 三、实验装置及测量仪表

稳态平板法测定绝热材料导热系数的试验装置如图 3.1.1 和图 3.1.2 所示。被试验材料做成两块方形薄壁平板试件，面积为 $300 \times 300[mm^2]$，实际导热计算面积 $F$ 为 $200 \times 200[mm^2]$，板的厚度为 $\delta[mm^2]$，平板试件分别被夹紧在加热器的上下热面和上下水套的冷面之间。加热器的上下面和水套与试件的接触面都设有铜板，以使温度均匀。利用薄膜式加热片实现对上、下试件热面的加热，而上下导热面积水套的冷却面是通过循环冷却水（或通过自来水）来实现的。在中间 $200 \times 200[mm^2]$ 部位上安设的加热器为主加热器。为了使主加热器的热量能够全部单向通过上下两个试件，并通过水套的冷水带走，在主加热器四周（即 200mm × 200mm 之外的四侧）设有辅助加热器，利用专用的温度跟踪控制器使主加热器以外的四周保持与中间主加热器的温度一致，以免热流量向旁侧散失。主加热器的中心温度 $t_1$（或 $t_2$）和水套冷面的中心温度 $t_3$（或 $t_4$）用四个温度传感器（埋设在铜板上）来测量：辅助加热器 1 和辅助加热器 2 的热面也分别设置两个温度传感器 $t_5$ 和 $t_6$（埋设在铜板的相应位置上），其中一个辅助温度传感器 $t_5$（或 $t_6$）接到温度跟踪控制器上，与主加热器中心接来的主温度传感器 $t_2$（或 $t_1$）的温度讯号相比较，通过跟踪器使全部辅助加热器都跟踪到与主加热器的温度相一致。而在试验进行时，可以通过温度传感器 $t_1$（或 $t_2$）和温度传感器 $t_3$（或 $t_4$）测量出一个试件的两个表面的中心温度。也可以再测量一个辅助温度传感器的温度，以便与主温度传感器的温度相比较，从而了解主、辅加热器的控制和跟踪情况。

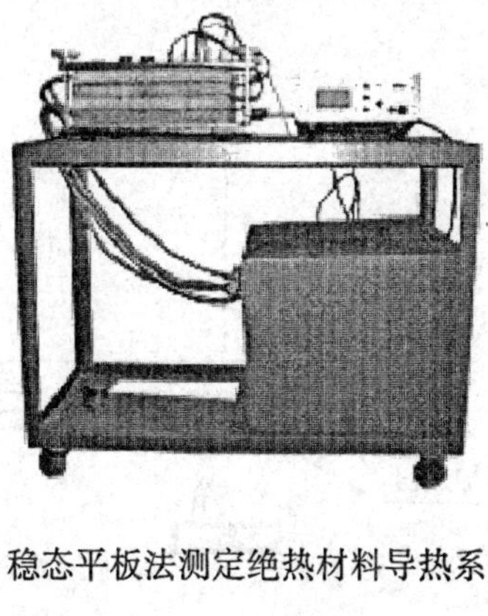

图 3.1.1　稳态平板法测定绝热材料导热系数实验台

［附］试验台主要参数

1. 试验材料：聚氯乙烯

2. 试件外形尺寸:300mm×300mm
3. 导热计算面积 $F$:200mm×200mm(即主加热器的面积)
4. 试件厚度 $\delta$:(实测)
5. 主加热器电阻值:10Ω
6. 辅加热器(每个)电阻值:8Ω
7. 温度传感器:DS18B20
8. 试件最高加热温度:≤60℃

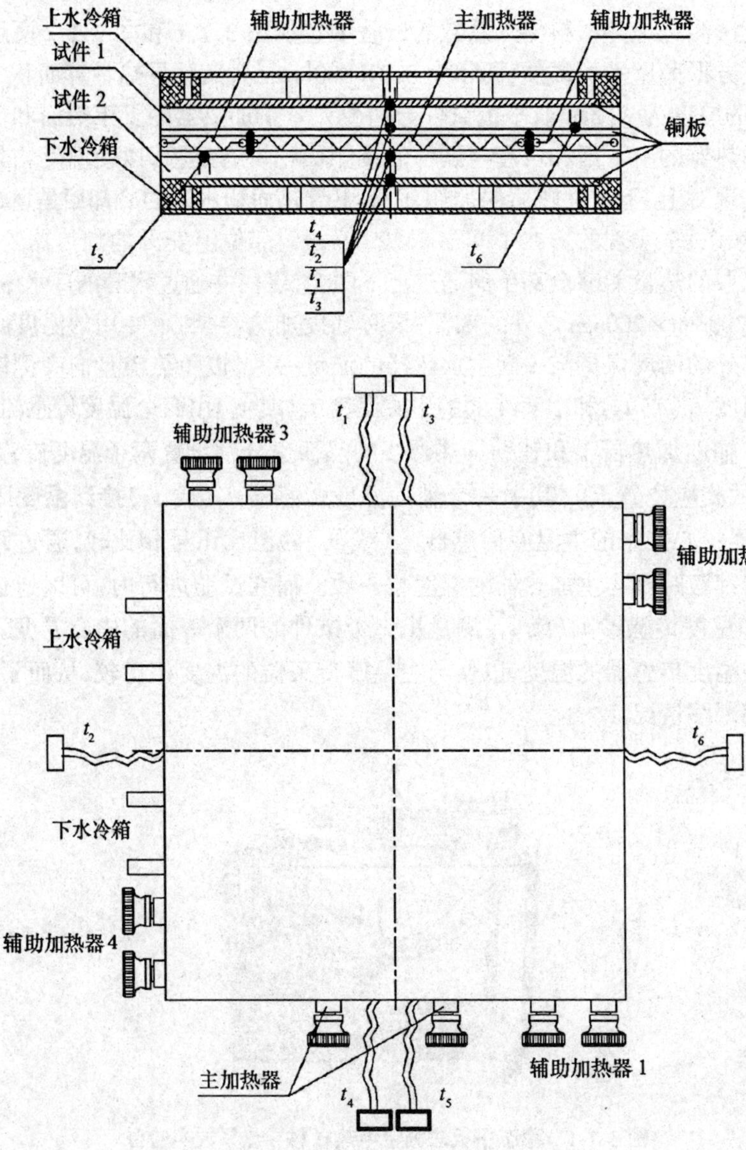


图 3.1.2　试验台的电路联结图

## 四、实验方法和步骤

1. 将两个平板试件仔细地安装在加热器的上下面，试件表面应与铜板严密接触，不应有空隙存在。在试件、加热器和水套等安装入位后，调节四个螺杆，以使它们都能紧密接触。

2. 按标号插好各自相对应的插头并仔细检查各接线电路。

3. 检查冷却水水泵及其通路能否正常工作，各温度传感器是否正常完好。

4. 打开设备电源，并调节到合适的电压，按启动键，开始定时(每加 1V 电压大约定时 1min)预热加温。在升温过程中，可通过显示屏观测加热情况。预热结束后，将自动启动冷水泵并开启自动温度跟踪。也可按“水泵”键关闭水泵，待试件的热面温度达到一定水平后，再按“水泵”键启动水泵(或接通自来水)，向上下水套通入冷却水。试验经过一段时间后，试件的热面温度和冷面温度开始趋于稳定。在这个过程中可以适当调节主加热器电源，使其更快或更利于达到稳定状态。待温度基本稳定后，就可以每隔一段时间进行一次电功率 $W$(或电压 $V$ 和电流 $I$)读数记录和温度测量，从而得到稳定的测试结果。

5. 一个状况试验后，可以将设备调到另一状况，即调节主加热器功率后，再按上述方法进行测试得到另一状况的稳定测试结果。调节的电功率不宜过大，一般在 5 ~ 10W 为宜。

6. 根据实验要求，进行多次状况的测试(状况以从低温到高温为宜)。

7. 测试结束后，按“启动”键后将自切断加热器电源，并关闭跟踪器，开启定时器，经过 18min 左右，将自动关闭水泵(或停放自来水)，这时可关闭设备电源。

## 五、实验结果处理

实验数据取实验进入稳定状态后的连续三次稳定结果的平均值。导热量(即主加热器的电功率)：

$$Q = W(\text{或 } I \times V) \qquad [\text{W}]$$

式中，$W$——主加热器的电功率值[W]；

$I$——主加热器的电流值[A]；

$V$——主加热器的电压值[V]。

由于设备为双试件型，导热量向上下两个试件(试件 1 和试件 2)传导，所以

$$Q_1 = Q_2 = \frac{Q}{2} = \frac{W}{2} = \frac{1}{2} I \cdot V \tag{3.1.4}$$

试件两面的温差：

$$\Delta t = t_R - t_L \quad [℃] \tag{3.1.5}$$

式中，$t_R$——试件的热面温度(即 $t_1$ 或 $t_2$)；

$t_L$——试件的冷面温度(即 $t_1$ 或 $t_2$)。

平均温度为

$$\bar{t} = \frac{t_R + t_L}{2} \quad [℃] \tag{3.1.6}$$

平均温度为 $\bar{t}$ 时的导热系数：

$$\lambda = \frac{W \cdot \delta}{2(t_R - t_L)F} \quad [\mathrm{W/(m \cdot ℃)}] \tag{3.1.7}$$

将不同平均温度下测定的材料导热系数在 $\lambda—\bar{t}$ 坐标中得出 $\lambda—\bar{t}$ 的关系曲线,并求出 $\lambda = f(\bar{t})$的关系式。

# 稳态平板法测定绝热材料导热系数实验
# 实验报告(示例)

## 一、试验记录

试验材料:聚氯乙烯
试件外形尺寸:300mm×300mm
试件导热面积:200mm×200mm(即主加热器面积)
试件厚度 $\delta$:15mm
主加热器电阻值:10Ω
辅加热器电阻值:8Ω
温度传感器材料:SD18B20

表 3.1.1　实验记录表

| 测读时间 | 试件中心位置热面温度 $t_R$(℃) | 试件中心位置冷面温度 $t_L$(℃) | $\Delta t(t_R - t_L)$(℃) | $Q$(W) | 备注 |
|---|---|---|---|---|---|
| 10:00 | 16.25 | -2.38 | | | 试验最后的室温:22℃,冷却水温:27℃ |
| 10:30 | 21.5 | -1.5 | | | |
| 11:00 | 27.6 | -0.75 | | | |
| 11:30 | 29.95 | 0 | | | |
| 12:00 | 33 | 1.25 | | | |
| 12:30 | 34.75 | 2.35 | | | |
| 13:00 | 35.33 | 2.97 | | | |
| 13:30 | 33.8 | 2.95 | | | |
| 14:00 | 31.52 | 3.33 | | | |
| 14:30 | 32.7 | 3.97 | | | |
| 15:00 | 31.97 | 4.22 | | | |
| 15:30 | 32.25 | 4.73 | | | |
| 16:00 | 32.57 | 4.93 | | | |
| 17:00 | 33.1 | 5.1 | | 16 | |

## 二、实验结果处理

$$\lambda = \frac{Q \cdot \delta}{2\Delta t \cdot F} \tag{3.1.8}$$

取实验记录中最后4点稳定的 $t_R$ 和 $t_L$ 值,计算出它们的平均值:

$$t_R = \frac{31.97 + 32.25 + 32.57 + 33.10}{4} = 32.47℃$$
$$t_L = \frac{4.22 + 4.37 + 4.93 + 5.10}{4} = 4.74℃ \tag{3.1.9}$$

冷、热面的温差:

$$\Delta t = 32.47 - 4.74 = 27.73℃$$
$$\lambda = \frac{16 \times 0.015}{2 \times 27.73 \times 0.04} = 0.11[\mathrm{W/(m \cdot ℃)}] \tag{3.1.10}$$

# 稳态平板法导热系数测定仪使用说明

## 一、概况

本机是用先进的SD18B20数字温度传感器与单片机控制进行自动温度跟踪，并采用低压大电流开关电源增加使用的安全性。同时采用进口电流互感器与PWM(脉宽调制)调压加热及10位A/D确保测量精度。

当启动后先延时预热(延时预热时间是根据电压设定值而定，约每伏1*min*)。延时结束后将进入自动温度跟踪状态。

## 二、使用方法

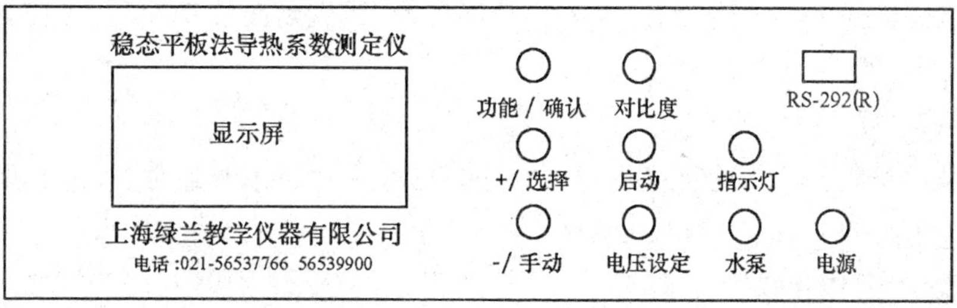


1)按钮功能

按 功能/确认 键后显示如下：

请选择
选择自动换屏
换屏时间设定

按 +/选择 键，选择自动换屏或换屏时间设定。如选选择自动换屏，按 功能/确认 键显示如下：

按 +/选择 键，选择单项数据或选择全部数据。

选择单项数据(巡检状态)选择全部数据(同屏显示全部数据)。

确定选项后按 功能/确认 确认。

如选换屏时间设定，按 功能/确认 键显示如下：

显示时间设定
换屏时隔：　　秒
全屏显示：　　秒

换屏时隔(5～99s,默认值 5s)

全屏显示(5～99s,默认值 5s)

用 +/选择 键或 -/手动 键设定时间。按 功能/确认 键确认。

2)对比度

调节液晶屏对比度。

3)启动键(启动/关闭键)

按下此键开通加热电源,指示灯亮。在正常工作状态下按此键,关闭加热电源指示灯闪烁,屏幕显示准备关机,同时显示主热温度、冷面温度、水箱温度,自动开启水泵,延时十几分钟后关闭水泵,屏幕显示可以关机,指示灯灭,同时蜂鸣器发出嘟嘟响。

4)水泵键(水泵开/关)

在延时预热状态下,按水泵键将取消延时预热,立即进入温度跟踪并打开水泵电源,指示灯闪烁,在水泵打开时按水泵键,将关闭水泵电源。

5)+/选择键

当屏幕进入选择状态时,按此键进行功能选择,当选定某项功能后,再按 功能/确认 键确认。

6)-/手动键

当进入换屏时隔或者全屏显示时,由此键和 +/选择 键来调整时间,非这两状态下此键将取消自动换屏功能,转入手动选择。

7)温度设定(电压设定)

查看设定电压,拉开电位器屏幕显示显示设定电压,此时电压值是上次所设置值,推进电位器,原电压设置值不变。如需重新设置电压值,拉开电位器显示设定电压约 5s 后屏幕显示修改设定电压时,重新设置所需电压值,完毕后推进电位器,新设置值存入。

# 3.2　非稳态(准稳态)法测材料的导热性能实验

## 一、实验目的

1. 测量绝热材料(不良导体)的导热系数和比热,掌握其测试原理和方法。
2. 掌握使用热电偶测量温差的方法。

## 二、实验原理

本实验是根据第二类边界条件下无限大平板的导热问题来设计的。设平板厚度为 $2\delta$,初始温度为 $t_0$,平板两面受恒定的热流密度 $q_c$ 均匀加热(见图 3.2.1)。求任何瞬间沿平板厚度方向的温度分布 $t(x,t)$。

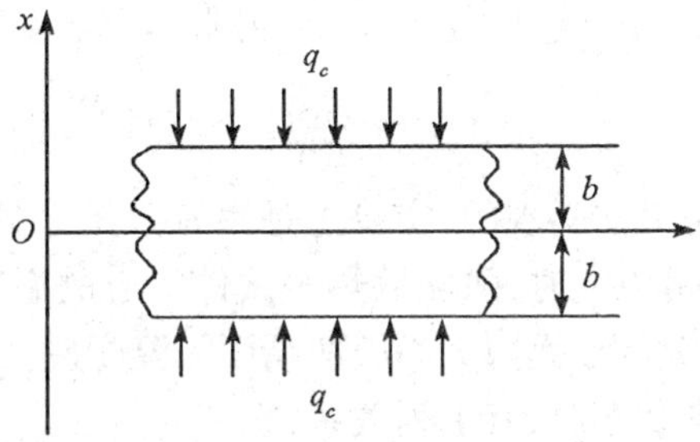


图 3.2.1　第二类边界条件无限大平板导热的物理模型

导热微分方程式、初始条件和第二类边界条件如下:

$$\frac{\partial t(x,\tau)}{\partial \tau}=\frac{\partial^2 t(x,\tau)}{\partial x^2} \tag{3.2.1}$$

$$t(x,0)=t_0 \tag{3.2.2}$$

$$\frac{\partial t(\delta,\tau)}{\partial x}=\frac{q_c}{x}=0 \tag{3.2.3}$$

$$\frac{\partial t(\delta,\tau)}{\partial x}=0 \tag{3.2.4}$$

方程的解为:

$$t(x,\tau)-t_0=\frac{q_c}{x}\left[\frac{a\tau}{\delta}-\frac{\delta^2-3x^2}{6\delta}+\delta\sum_{n=1}^{\infty}(-1)^{n+1}\frac{2}{\mu_m^2}\cos(\mu n\frac{x}{\delta})\exp(-\mu^2 F_O)\right] \tag{3.2.5}$$

式中,$\tau$ 是时间;$\lambda$ 是平板的导热系数;$a$ 是平板的导温系数;$\mu_n=n\pi,n=1,2,3,\cdots\cdots$;$F_O=\frac{a\tau}{\delta^2}$是傅立叶准则;$t_0$ 是初始温度;$q_c$ 是沿 $x$ 方向从端面向平板加热的恒定热流密度。

随着时间 $\tau$ 的延长,$F_O$ 数变大,式(3.2.5)中级数和项愈小。

当 $F_O>0.5$ 时,级数和项变得很小,可以忽略,式(3.2.5)变成:

$$t(x,\tau)-t_0=\frac{q_c\delta}{\lambda}\left(\frac{a\tau}{\delta^2}+\frac{x^2}{2\delta^2}-\frac{1}{6}\right) \tag{3.2.6}$$

由此可见,当 $F_O>0.5$ 后,平板各处温度与时间成线性关系,温度随时间变化的速率是常数,并且各处相同。这种状态称为准状态。

在准状态时,平板中心面 $x=0$ 处的温度为:

$$t(0,\tau)-t_0=\frac{q_c\delta}{\lambda}\left(\frac{a\tau}{\delta^2}-\frac{1}{6}\right) \tag{3.2.7}$$

平板加热面 $x=\delta$ 处温度为:

$$t(\delta,\tau)-t_0=\frac{q_c\delta}{\lambda}\left(\frac{a\tau}{\delta^2}+\frac{1}{3}\right) \tag{3.2.8}$$

此两面的温差为:

$$\Delta t=t(\delta,\tau)-t(0,\tau)=\frac{1}{2}\cdot\frac{q_c\delta}{\lambda} \tag{3.2.9}$$

如已知 $q_c$ 和 $\delta$,再测出 $\Delta t$,就可以由式(3.2.9)求出导热系数:

$$\lambda=\frac{q_c\delta}{2\Delta t} \tag{3.2.10}$$

实际上,无限大平板是无法实现的,实验总是用有限尺寸的试件。但一般可认为,试件的横向尺寸为厚度的 6 倍以上时,两侧散热对试件中心的温度影响可以忽略不计。试件两端面中心处的温度差就等于无限大平板两端面的温度差。

根据势平衡原理,在准状态时,有下列关系:

$$q_cF=C\rho\delta F\frac{\mathrm{d}t}{\mathrm{d}\tau} \tag{3.2.11}$$

式中,$F$ 为试件的横截面;$C$ 为试件的比热;$\rho$ 为试件的密度;$\frac{\mathrm{d}t}{\mathrm{d}\tau}$为准稳态时的温升速率。

由上式可得比热:

$$c=\frac{q_c}{\rho\delta\frac{\mathrm{d}t}{\mathrm{d}\tau}} \tag{3.2.12}$$

实验时,$\frac{\mathrm{d}t}{\mathrm{d}\tau}$以试件中心处为准。

## 三、实验装置

按上述理论及物理模型设计的实验装置如图 3.2.2 所示,说明如下:

1)试件

试件尺寸为 100mm × 100mm × $\delta$,共四块,尺寸完全相同,$\delta$ = 10 ~ 16mm。每块试件上下面要平齐,表面要平整。

2)加热器

采用高电阻康铜箔平面加热器,康铜箔厚度仅为 20μm,加上保护箔的绝缘薄膜,总共 70μm。其电阻值稳定,在 0 ~ 100℃范围内几乎不变。加热器的面积和试件的端面积相同,也是 100mm × 100mm 的正方形。两个加热器的电阻值应尽量相同,相差应在 0.1% 以

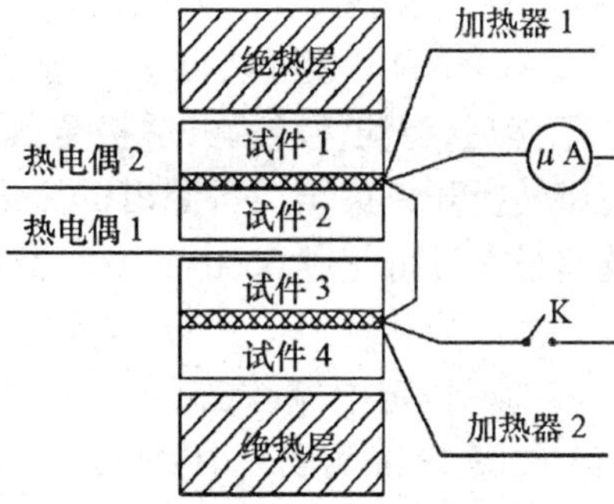


图 3.2.2　实验装置图

内。

3)绝热层

用导热系数比试件小的材料作绝热层,力求减少热量通过,使试件 1、4 与绝热层的接触面接近绝热。这样,可假定式(3.2.8)中的热量 $q_c$ 等于加热器发出热量的 0.5 倍。

4)热电偶

利用热电偶测量试件 2 两面的温差及试件 2、3 接触面中心处的温升速率。热电偶由 0.1mm 的康铜丝制成,其接线如图 3.2.3 所示。热电偶的冷端放在冰瓶中,保持零度。

实验时,将四个试件整齐叠放在一起,分别在试件 1 和 2 及试件 3 和 4 之间放入加热器 1 和 2,试件和加热器要对齐。热电偶的放置如图 3.2.3,热电偶测温探头要放在试件中心部位。放好绝热层后,适当加以压力,以保持各试件之间接触良好。

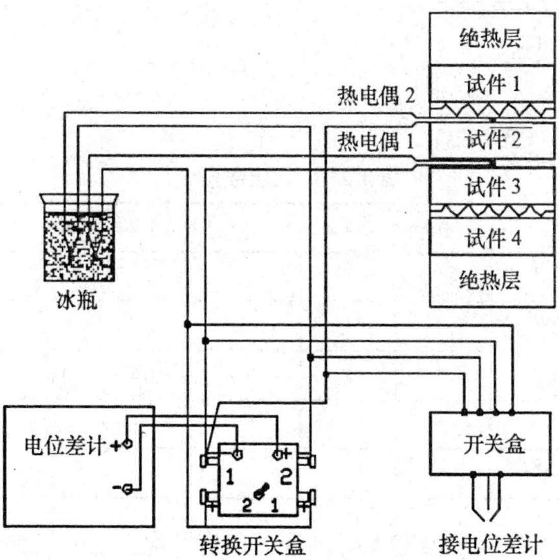


图 3.2.3　接线示意图

## 四、实验步骤

1. 用卡尺测量试件的尺寸:面积 $F$ 和厚度 $\delta$。

2. 按图3.2.2和图3.2.3放好试件、加热器和热电偶,接好电源,接通稳压器,并将稳压器预热10min(注:此时开关 $K$ 是打开的)。接好热点偶与电位差计及转换开关的导线。

3. 校对电位差计的工作电流,然后,将测量转换开关拨至"1"测出试件在加热前的温度,此刻的温度应等于室温。再将转换开关拨至"2",测出试件两面的温差,此时,对应指针指示热电势为零,测量出示值差最大不得超过0.004mV,即相应的初始温度差不得超过0.1℃。

4. 接通加热器开关,给加热器通以恒定电流(试验过程中,电流不容许变化。此值事先经实验确定)。同时,启动秒表,每隔1min测读一个数值。奇数值时刻(1min,3min,5min……)测"2"端热点势的毫伏数,偶数值时刻(2min,4min,6min……)测"1"端热点势的毫伏数。这样,经过一段时间后(随所测材料而不同,一般为10~20min),系统进入准状态,"2"端热点势的数值(即式(3.2.10)中的温差 $\Delta t$)几乎保持不变。计下加热器的电源值。

5. 第一次实验结束,将加热器开关 $K$ 切断,取下试件及加热器,用电扇将加热器吹凉,待其和室温平衡后才能继续做下一次实验。但试件不能连续做实验,必须经过4h以上放置,使其冷却至与室温平衡后,才能再做下一次实验。

6. 实验全部结束后,必须切断电源,一切恢复原状。

## 五、实验数据记录和处理

室温 $t_0$:　[℃]

加热器电流 $I$:　[A]

加热器的电阻(两个加热器电阻的平均值) $R$:　[Ω]

试件截面尺寸 $F$:　[$m^2$]

试件厚度 $\delta$:　[m]

试件材料密度 $\rho$:　[$kg/m^3$]

热流密度 $q_c$:　[$W/m^2$]

表3.2.1　实验数据记录

| 时间[min] | | 0 | 1 | 2 | 3 | 4 | 5 | 6 |
|---|---|---|---|---|---|---|---|---|
| 热电势[mV] | "1" | | | | | | | |
| | "2" | | | | | | | |
| 时间[min] | | 7 | 8 | 9 | 10 | 11 | 12 | 13 |
| 热电势[mV] | "1" | | | | | | | |
| | "2" | | | | | | | |

求出热流密度 $q_c$[$W/m^2$]、准稳态时的温差 $\Delta t$(平均值)[℃]、准稳态时的温升速率 $\frac{dt}{d\tau}$[℃/h],即可计算出试件的导热系数 $\lambda$[W/(m·K)]和比热 $C$[J/kg·℃]。

# 3.3　热电偶校验实验

## 一、概述

如图3.3.1所示，热电偶校验实验装置是为大专院校热工实验室实验教学而设计制造的专用设备，可用于中温区工作热电偶的标准和检验实验。图3.3.2是实验装置电气原理图。

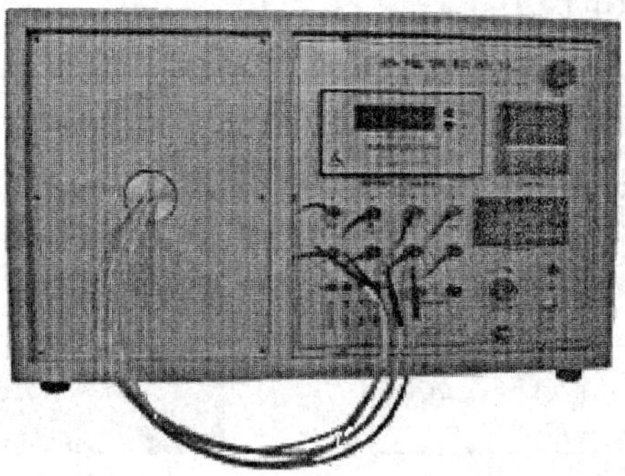

图3.3.1　热电偶校验仪

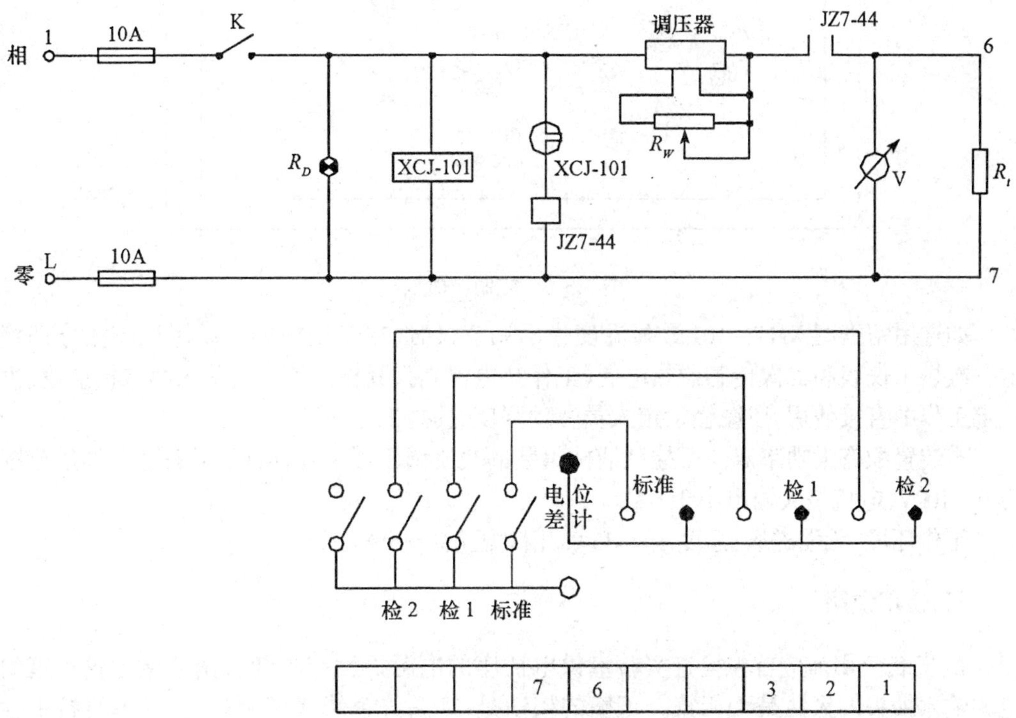


图3.3.2　电气原理图

本装置结构设计合理,配用电子调压器,并设有高温监控保护,体积小、重量轻、温度场恒温稳定、操作方便、安全可靠。

## 二、技术性能

本装置的高保温专用管式电炉,采用电子电压调温,在其炉膛中部均热体可同时插入控温用的工作热电偶、标准电偶和两个被检热电偶,可供作热电偶在不超过600℃低温区检定使用,装置的调节检控仪表箱配有E分度XCT－101或XMT－101温度指示调节仪表(图3.3.3),可在恒定温区直接显示管炉内温度场的温度数值:控制点设置不超过600℃,管式炉上极限温度恒定断电保护。

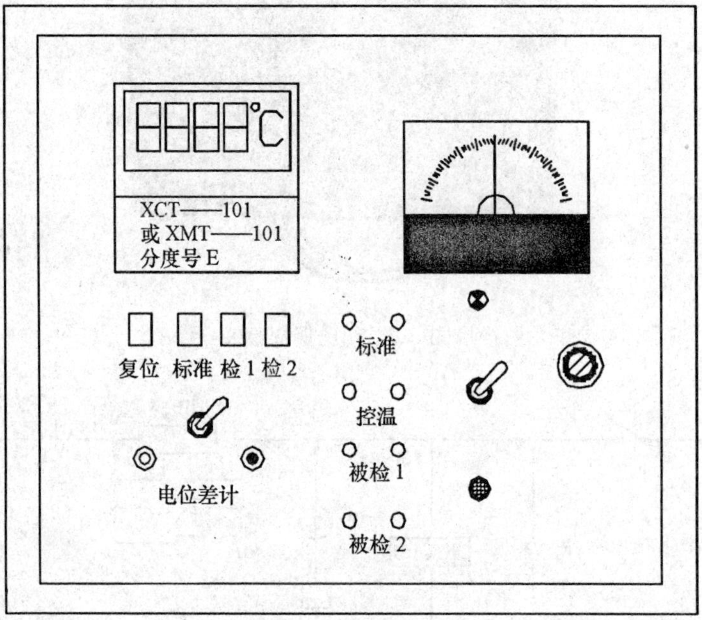


图3.3.3　控制箱面板

如选用精密型XMT－101数显温度指示调节仪时,在使用中如定期用比较法分别检定一次显示仪表和二次传感器热电偶(工作热电偶)后,其标定值即可作为第二标准值,供检定工作中直接使用,以减轻检定人员劳动强度,提高工作效率。

本装置配有大功率双向可控硅器件组装的交流调压器一套,调压连续稳定,调压范围为0～100V,电流最大输出小于6A。

工作环境:无强磁场;温度10～35℃;相对湿度≤85%。

## 三、使用说明

1. 安装使用前应首先检查实验室供电插座的电源极性与本装置调节检控仪表箱的电源输入插头的极性是否相符。正确的接法是:插头红色线接电源相线;绿色线接中性线;黑色线接地保护。不得接错。

2. 将调节检控仪表箱的负载引出线与电炉相接,红色、绿色线接负载,黑色线接壳体,作接地保护。注意:负载线严禁短路。

3. 将温度调节仪表用的工作热电偶插入管式炉内(均热体应在炉膛中心位置)的一侧,标准热电偶和被检测热电偶(1 或 2 个)插入均热体的另一侧,并将这些热电偶连接好,工作热电偶与仪表箱的相应引出线相连接,标准热电偶和被测热电偶接到仪表箱面板上的相应的接线端子上,红色为“+”极,黑色为“-”极。

4. 检查仪表箱前面板上各开关的初始状态。把电源开关扳向下方断电状态,恒温调节器旋钮至左方,温度调节仪表上的检控温度设在 300℃。

5. 连接并调好电位差计。

6. 上述准备工作完成后,即可接通电源,供电进行试验。

1)调节恒温

右旋钮(恒温调节加热电压调节)给管式炉供电,并在指示仪表上指出。该旋钮的调压范围为 0~220V。注意:对炉体的预热升温和初始升温时应不超过 40V,以延长炉体的使用寿命。可根据实验要求的恒温温度进行反复调节,直至稳定在需要的温度上。绝对稳定是不易控制的,可在基本稳定的条件下快速测定。

2)检测

在温度基本稳定的条件下,依次接下转换按钮“检 1”和“检 2”,并在电位差计上读出相应的热电偶的输出毫伏值。

3)根据要求,调节不同的温度点,重复上述步骤,进行检测。

注意事项:

1. 标定和检测时,都采用在同一温度场条件下直接比较方法,以选定的标准热电偶(或经计量部门标定的热电偶)作为标准进行比较,标定和检测备检热电偶。作为教学试验,可以用本设备提供的 3 个热电偶中选定的 1 个热电偶中作为标准,来演示和学习标定检验方法。

2. 标定和检验时,所有的热电偶可不接冰点冷端。

## 四、维护须知

1. 为了保证调节指示仪表的指示精度,必须定期进行复校与检定,同时应定期检查热电偶传感器的示值误差。超差过大时,应于更换。

2. 贮运和存放时,应避免雨淋和潮湿。

表 3.3.1　镍铬－铜镍(康铜)热电偶(E 型)温度－微伏对照表

| | μV | μV | μV | μV | μV | μV | μV | μV | μV | μV |
|---|---|---|---|---|---|---|---|---|---|---|
| $t$/℃ | 0 | 1 | 2 | 3 | 4 | 5 | 6 | 7 | 8 | 9 |
| 0 | 0 | 59 | 118 | 176 | 235 | 194 | 354 | 413 | 472 | 532 |
| 10 | 591 | 651 | 711 | 770 | 830 | 890 | 950 | 1010 | 1071 | 1131 |
| 20 | 1192 | 1252 | 1313 | 1373 | 1434 | 1495 | 1556 | 1617 | 1678 | 1740 |
| 30 | 1801 | 1862 | 1924 | 1986 | 2047 | 2109 | 2171 | 2233 | 2295 | 2357 |
| 40 | 2420 | 2482 | 2545 | 2607 | 2670 | 2733 | 2795 | 2858 | 2921 | 2984 |
| 50 | 3048 | 3111 | 3174 | 3238 | 3301 | 3365 | 3429 | 3492 | 3556 | 3620 |
| 60 | 3658 | 3749 | 3813 | 3877 | 3942 | 4006 | 4071 | 4136 | 4200 | 4265 |
| 70 | 4330 | 4395 | 4460 | 4526 | 4591 | 4656 | 4722 | 4788 | 4853 | 4919 |
| 80 | 4985 | 5051 | 5117 | 5183 | 5249 | 5315 | 5382 | 5448 | 5514 | 5581 |
| 90 | 5648 | 5714 | 5781 | 5848 | 5915 | 5982 | 6049 | 6117 | 6184 | 6251 |
| 100 | 6319 | 6386 | 6454 | 6522 | 6590 | 6658 | 6725 | 6794 | 6862 | 6930 |
| 110 | 6998 | 7066 | 7135 | 7203 | 7272 | 7341 | 7409 | 7478 | 7547 | 7616 |
| 120 | 7658 | 7754 | 7823 | 7892 | 7962 | 8031 | 8101 | 8170 | 8240 | 8309 |
| 130 | 8379 | 8449 | 8519 | 8589 | 8659 | 8729 | 8799 | 8869 | 8940 | 9010 |
| 140 | 9081 | 9151 | 9222 | 9292 | 9363 | 9434 | 9505 | 9576 | 9647 | 9718 |
| 150 | 9789 | 9860 | 9931 | 10003 | 10074 | 10145 | 10217 | 10288 | 10360 | 10432 |
| 160 | 10503 | 10575 | 10647 | 10719 | 10791 | 10863 | 10935 | 11007 | 11080 | 11152 |
| 170 | 11224 | 11297 | 11365 | 11412 | 11514 | 11587 | 11660 | 11733 | 11805 | 11878 |
| 180 | 11951 | 12024 | 12097 | 12170 | 12243 | 12317 | 12390 | 12463 | 12537 | 12610 |
| 190 | 12684 | 12757 | 12831 | 12904 | 12978 | 13052 | 13126 | 13199 | 13273 | 13347 |
| 200 | 13421 | 13495 | 13569 | 13644 | 13718 | 13792 | 13866 | 13941 | 14015 | 14090 |
| 210 | 14164 | 14239 | 14313 | 14388 | 14463 | 14537 | 14612 | 14687 | 14762 | 14837 |
| 220 | 14912 | 14987 | 15062 | 15137 | 15212 | 15287 | 15362 | 15438 | 15513 | 15588 |
| 230 | 15664 | 15739 | 15815 | 15890 | 15966 | 16041 | 16117 | 16193 | 16269 | 16344 |
| 240 | 16420 | 16496 | 16572 | 16648 | 16724 | 16800 | 16876 | 16952 | 17028 | 17104 |
| 250 | 17181 | 17257 | 17333 | 17409 | 17468 | 17562 | 17639 | 17715 | 17792 | 17868 |
| 260 | 17945 | 18021 | 18098 | 18175 | 18252 | 18328 | 18405 | 18482 | 18559 | 18636 |
| 270 | 18713 | 18790 | 18867 | 18944 | 19021 | 19098 | 19175 | 19252 | 19330 | 19407 |
| 280 | 19484 | 19561 | 19639 | 19716 | 19794 | 19871 | 19948 | 20026 | 20103 | 20181 |
| 290 | 20259 | 20336 | 20414 | 20492 | 20569 | 20647 | 20725 | 20803 | 20880 | 20958 |

（续表）

| 300 | 21036 | 21114 | 21192 | 21270 | 21348 | 21426 | 21504 | 21582 | 21660 | 21739 |
|---|---|---|---|---|---|---|---|---|---|---|
| 310 | 21817 | 21895 | 21973 | 22051 | 22130 | 22208 | 22286 | 22365 | 22443 | 22522 |
| 320 | 22600 | 22678 | 22757 | 22835 | 22914 | 22993 | 23071 | 23150 | 23228 | 23307 |
| 330 | 23386 | 23464 | 23543 | 23622 | 23701 | 23780 | 23858 | 23937 | 24016 | 24095 |
| 340 | 24174 | 24253 | 24332 | 24411 | 24490 | 24569 | 24648 | 24727 | 24806 | 24885 |
| 350 | 24964 | 25044 | 25123 | 25202 | 25281 | 25360 | 25440 | 25519 | 25598 | 25678 |
| 360 | 25757 | 25836 | 25916 | 25995 | 26075 | 26154 | 26233 | 26313 | 26392 | 26472 |
| 370 | 26552 | 26631 | 26711 | 26790 | 26870 | 26950 | 27029 | 27109 | 27189 | 27268 |
| 380 | 27348 | 27428 | 27507 | 27587 | 27667 | 27747 | 27827 | 27907 | 27986 | 28066 |
| 390 | 28146 | 28226 | 28306 | 28386 | 28466 | 28546 | 28626 | 28706 | 28786 | 28866 |
| 400 | 28946 | 29026 | 29106 | 19186 | 29266 | 29346 | 29427 | 29507 | 29587 | 29667 |
| 410 | 29747 | 29827 | 29908 | 29988 | 30068 | 30148 | 30229 | 30309 | 30389 | 30470 |
| 420 | 30550 | 30630 | 30711 | 30791 | 30871 | 30952 | 31032 | 31112 | 31193 | 31273 |
| 430 | 31354 | 31434 | 31515 | 31595 | 31676 | 31756 | 31837 | 31917 | 31998 | 32078 |
| 440 | 32159 | 32239 | 32320 | 32400 | 32481 | 32562 | 32642 | 32723 | 32803 | 32884 |
| 450 | 32965 | 33045 | 33126 | 33207 | 33287 | 33368 | 33449 | 33529 | 33610 | 33691 |
| 460 | 33772 | 33852 | 33933 | 34014 | 34095 | 34175 | 34256 | 34337 | 34418 | 34498 |
| 470 | 34579 | 34660 | 34741 | 34822 | 34902 | 34983 | 35064 | 35145 | 35226 | 35307 |
| 480 | 35387 | 35468 | 35549 | 35630 | 35711 | 35792 | 35873 | 35954 | 36034 | 36115 |
| 490 | 36196 | 36277 | 36358 | 36439 | 36520 | 36601 | 36682 | 36763 | 36843 | 36924 |
| 500 | 37005 | 37086 | 37167 | 37248 | 37329 | 37410 | 37491 | 37572 | 37653 | 37734 |
| 510 | 37815 | 37896 | 37977 | 38058 | 38139 | 38220 | 38300 | 38381 | 38462 | 38543 |
| 520 | 38624 | 38705 | 38786 | 38867 | 38948 | 39029 | 39110 | 39191 | 39272 | 39353 |
| 530 | 39434 | 39515 | 39596 | 39677 | 39758 | 39839 | 39920 | 40001 | 40082 | 40163 |
| 540 | 40243 | 40324 | 40405 | 40486 | 40567 | 40648 | 40729 | 40810 | 40891 | 40972 |
| 550 | 41053 | 41134 | 41215 | 41296 | 41377 | 41457 | 41538 | 41619 | 41700 | 41781 |
| 560 | 41862 | 41943 | 42024 | 42105 | 42185 | 42266 | 42347 | 42428 | 42509 | 42590 |
| 570 | 42671 | 42751 | 42832 | 42913 | 42994 | 43075 | 43156 | 43236 | 43317 | 43398 |
| 580 | 43479 | 43560 | 43640 | 43721 | 43802 | 43883 | 43963 | 44044 | 44125 | 44206 |
| 590 | 44286 | 44367 | 44448 | 44529 | 44609 | 44690 | 44771 | 44851 | 44932 | 45013 |
| 600 | 45093 | 45174 | 45255 | 45335 | 45416 | 45497 | 45577 | 45658 | 45738 | 45819 |

# 3.4 中温辐射时物体黑度的测试实验

## 一、实验目的

用比较法定性地测量中温辐射时物体黑度 $\varepsilon$。

## 二、原理概述

由 $n$ 个物体组成的辐射换热系统中,利用净辐射法,可以求物体 $i$ 的纯换热量

$$Q_{net.i} = Q_{abs.i} - Q_{e.i} = \alpha_i \sum_{k=1}^{n} \int_{F_k} E_{eff,k} \psi_i(\mathrm{d}k) \mathrm{d}F_k - \varepsilon_i E_{b.i} F_i \tag{3.4.1}$$

式中:$Q_{net.i}$——$i$ 面的净辐射换热量;

$Q_{abs.i}$——$i$ 面从其他表面的吸热量;

$Q_{e.i}$——$i$ 面本身的辐射热量;

$\varepsilon_i$——$i$ 面的黑度;

$\psi_i(\mathrm{d}k)$——$k$ 面对 $i$ 面的角系数;

$E_{eff.k}$——$k$ 面有效的辐射力;

$E_{b.i}$——$i$ 面的辐射力;

$\alpha_i$——$i$ 面的吸收率;

$F_i$——$i$ 面的面积。

根据本实验的设备情况(图 3.4.1),可以认为:

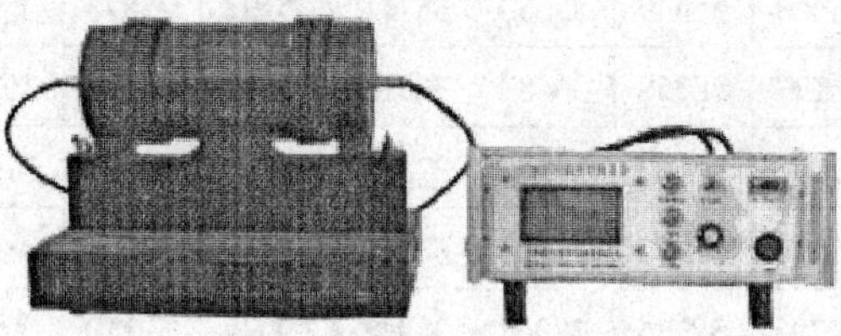

图 3.4.1 中温辐射时物体黑度的测试实验装置

(1)传导圆筒 2 为黑体。

(2)热源 1、传导圆筒 2、待测物体(受体)3,它们表面上的温度均匀(图 3.4.2)。

因此,公式(3.4.1)可写成:

$$Q_{net.3} = \alpha_3 (E_{b.1} F_1 \psi_{i.3} + E_{b.2} F_2 \psi_{2.3}) - \varepsilon_3 E_{b.3} F_3 \tag{3.4.2}$$

因为 $F_1 = F_3$;$\alpha_3 = \varepsilon_3$;$\psi_{3.2} = \psi_{1.2}$,又根据角系数的互换性 $F_2 \psi_{2.3} = F_3 \psi_{3.2}$,则:

$$q_3 = Q_{net.3} / F_3 = \varepsilon_3 (E_{b.1} \psi_{i.3} + E_{b.2} \psi_{1.2}) - \varepsilon_3 E_{b.3} \tag{3.4.3}$$

$$= \varepsilon_3 (E_{b.1} \psi_{i.3} + E_{b.2} \psi_{1.2} - E_{b.3}) \tag{3.4.4}$$

由于受体 3 与环境主要以自然对流方式换热,因此:

$$q_3 = \alpha_d (t_3 - t_f) \tag{3.4.5}$$

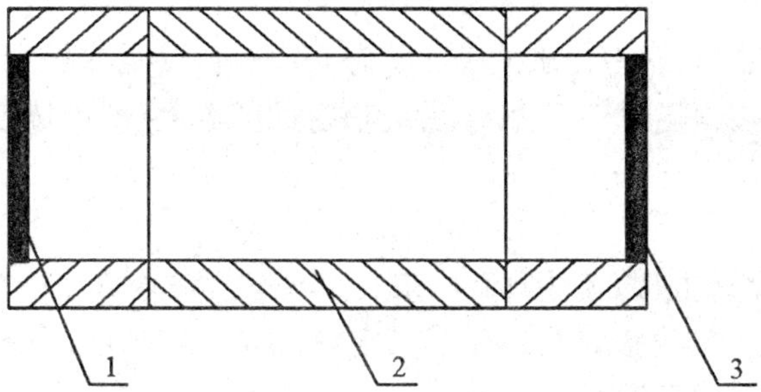


1－热源;2－传导圆筒;3－待测物体

图 3.4.2　辐射换热简图

式中：$\alpha_d$——换热系数；

$t_3$——待测物体(受体)温度；

$t_f$——环境温度。

由式(3.4.4)、(3.4.5)得：

$$\varepsilon_3=\frac{\alpha_d(t_3-t_f)}{E_{b1}\psi_{1.3}+E_{b2}\psi_{1.2}-E_{b3}} \tag{3.4.6}$$

当热源 1 和黑体圆筒 2 的表面温度一致时，$E_{b1}=E_{b2}$，并考虑到，体系 1,2,3 为封闭系统，则：

$$\psi_{1.3}+\psi_{1.2}=1 \tag{3.4.7}$$

由此，式(3.4.6)可写成：

$$\varepsilon_3=\frac{\alpha(t_3-t_f)}{E_{b1}-E_{b3}}=\frac{\alpha(t_3-t_f)}{\sigma(T_1^4-T_3^4)} \tag{3.4.8}$$

式中：$\sigma$ 称为斯蒂芬－玻尔茨曼常数，其值为 $5.67\times10^{-8}\,\mathrm{W/(m^2K^4)}$。

不同待测物体(受体)$a$，$b$ 的黑度分别为：

$$\varepsilon_a=\frac{\alpha_a(T_{3a}-T_f)}{\sigma(T_{1a}^4-T_{3a}^4)} \tag{3.4.9}$$

$$\varepsilon_b=\frac{\alpha_b(T_{3b}-T_f)}{\sigma(T_{1b}^4-T_{3b}^4)} \tag{3.4.10}$$

设 $\varepsilon_a=\varepsilon_b$，则：

$$\frac{\varepsilon_a}{\varepsilon_b}=\frac{T_{3a}-T_f}{T_{3b}^4-T_f}\cdot\frac{T_{1b}^4-T_{3b}^4}{T_{1a}^4-T_{3a}^4} \tag{3.4.11}$$

当 $b$ 为黑体时，$\varepsilon_b\approx1$，式(3.4.11)可写成：

$$\varepsilon_a=\frac{T_{3a}-T_f}{T_{3b}-T_f}\cdot\frac{T_{1b}^4-T_{3b}^4}{T_{1a}^4-T_{3a}^4} \tag{3.4.12}$$

## 三、实验方法和步骤

本实验仪器用比较法定性地测定物体的黑度，具体方法是通过对三组加热器电压的调整(热源一组,传导体二组),使热源和传导体的测量点恒定在同一温度上,然后分别将“待测”(受体为待测物体,具有原来的表面状态)和“黑体”(受体仍为待测物体,但表面薰黑)两种状态的受体在恒温条件下,测出受到辐射后的温度,就可按公式计算出待测物体的黑度。

具体步骤如下:

1. 热源腔体和受体腔体(使用具有原来表面状态的物体作为受体)靠紧传导体。

2. 接通电源,拉开温度设定旋钮使其设定到试验所需温度,设定完成后推进温度设定旋钮,系统自动跟踪设定温度。

3. 系统进入恒温后(各测温点基本接近,且在 5min 内各点温度波动小于 3℃),开始测试受体温度,当受体温度 5min 内的变化小于 3℃时,计下一组数据。“待测”受体实验结束。

4. 取下受体,将受体冷却后,用松脂(带有松脂的松木)或蜡烛将受体薰黑,然后重复以上实验,测得第二组数据。

将两组数据代入公式即可得出代测物体的黑度 $\varepsilon_{受}$。

## 四、注意事项

1. 热源及传导的温度不宜超过 95℃。

2. 每次做原始状态实验时,建议用汽油或酒精将代测物体表面擦净,否则,试验结果将有较大出入。

## 五、试验所用计算公式

根据(3.4.12)式,本实验所用计算公式为:

$$\frac{\varepsilon_{受}}{\varepsilon_0}=\frac{\Delta T_{受}(T_{源}^4-T_0^4)}{\Delta T_0(T'^4_{源}-T_{受}^4)} \tag{3.4.13}$$

式中:$\varepsilon_0$——相对黑体的黑度,该值可假设为 1;

$\varepsilon_{受}$——代测物体(受体)的黑度;

$\Delta T_{受}$——受体与环境的温差;

$\Delta T_0$——黑体与环境的温差;

$T_{源}$——受体为相对黑体时热源的绝对温度;

$T'_{源}$——受体为被测物体时的热源绝对温度;

$T_0$——相对黑体的绝对温度;

$T_{受}$——待测物体(受体)的绝对温度。

## 六、实验数据记录和处理

### 1. 实验数据

<table>
<tr><td rowspan="2">序号</td><td rowspan="2">热源<br>(℃)</td><td colspan="2">传导（℃）</td><td rowspan="2">受体(紫铜光面)<br>(℃)</td><td rowspan="2">备注</td></tr>
<tr><td>1</td><td>2</td></tr>
<tr><td>1<br>2<br>3</td><td></td><td></td><td></td><td></td><td rowspan="6">室温(℃)</td></tr>
<tr><td>平均</td><td></td><td colspan="2"></td><td></td></tr>
<tr><td rowspan="2">序号</td><td rowspan="2">热源<br>(℃)</td><td colspan="2">传导(℃)</td><td rowspan="2">受体(紫铜熏黑)<br>(℃)</td></tr>
<tr><td>1</td><td>2</td></tr>
<tr><td>1<br>2<br>3</td><td></td><td></td><td></td><td></td></tr>
<tr><td>平均</td><td></td><td colspan="2"></td><td></td></tr>
</table>

### 2. 实验结果(示例)

由实验数据得：

$$\Delta T_{受} = 74\text{K} \qquad T_0 = (135 + 273)\text{K}$$

$$\Delta T_0 = 110\text{K} \qquad T'_{源} = (259 + 273)\text{K}$$

$$T_{源} = (261 + 273)\text{K} \qquad T_{受} = (99 + 273)\text{K}$$

将以上数据代入式(3.4.13)得：

$$\varepsilon_{受} = \varepsilon_0 \cdot \frac{74}{110} \cdot \frac{(260 + 273)^4 - (135 + 273)^4}{(259 + 273)^4 - (99 + 273)^4} = \varepsilon_0 \cdot 0.58 \tag{3.4.14}$$

在假设 $\varepsilon_0 = 1$ 时，受体紫铜(原来表面状态)的黑度 $\varepsilon_{受}$ 即为 0.58。

# 中温法向辐射率测定仪使用说明

图 3.4.3 给出了中温法向辐射率测定仪面板图。

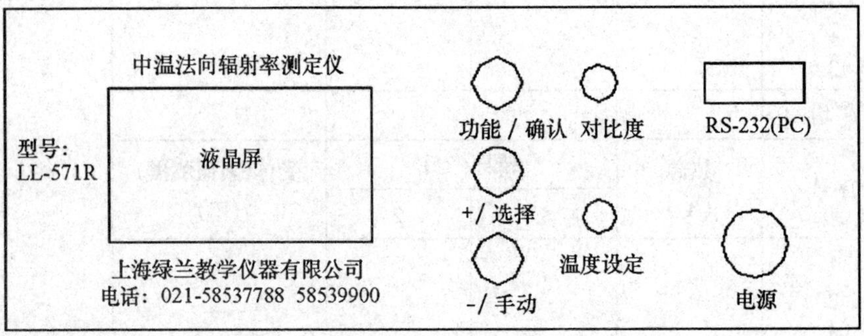


图 3.4.3　控制箱面板

1)按钮功能

按 功能/确认 键后显示如下：

请选择
选择自动换屏
换屏时间设定

按 +/选择 键，可选 选择自动换屏 或 换屏时间设定。如选 选择自动换屏，按 功能/确认 键显示如下：

按 +/选择 键,可选选择单项数据或选择全部数据。

选择单项数据为巡检状态。

选择全部数据为同屏显示全部数据。

确定选项后,按 功能/确认 确认。

如选换屏时间设定,按 功能/确认 键显示如下：

显示时间设定
换屏时隔：　　秒
全屏显示：　　秒

换屏时隔为 5 – 99s,默认值 5s。

全屏显示为 5 – 99s,默认值 5s。

用 +/选择 键或 –/手动 键设定时间。按 功能/确认 键确认。

2)对比度

调节液晶屏对比度。

3)+/选择键

当屏幕进入选择状态时,按此键进行功能选择,当选定某项功能后,再按功能/确认键确认。

4)-/手动键

当进入换屏时隔或者全屏显示时,由此键和+/选择键来调整时间,非此两状态下此键将取消自动换屏功能,转入手动选择。

5)温度设定(电压设定)

查看设定电压,拉开电位器,屏幕显示显示设定电压,此时电压值是上次所设置值,推进电位器,原电压设置值不变。如需重新设置电压值,拉开电位器,显示设定电压约等 5s 后屏幕显示修改设定电压时,重新设置所需电压值,完毕后推进电位器,新设置值存入。

# 3.5 热管换热器实验

## 一、实验目的

1. 了解热管换热器实验台的工作原理；
2. 熟悉热管换热器实验台的使用方法；
3. 掌握热管换热器换热量 $Q$ 和传热系数 $k$ 的测量和计算方法。

## 二、实验台的结构及其工作原理

热管换热器实验台的结构如图 3.5.1 和图 3.5.2 所示。实验台由翅片管(整体绕制)、热段风道、冷段风道、冷段和热段风机、电加热器(Ⅰ—450W，Ⅱ—1000W)、工况选择开关(Ⅰ和Ⅱ)、热电偶、琴键开关、热球风速仪(独立仪表用户自备)、冷段热电偶接线柱、电位差计接线柱和支架等组成。

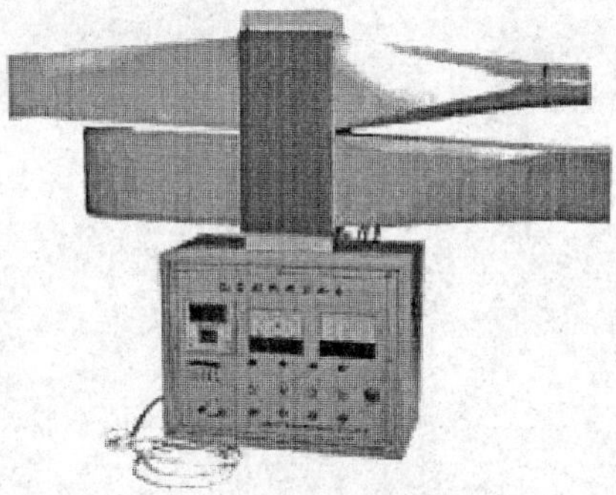

图 3.5.1 热管换热器实验台

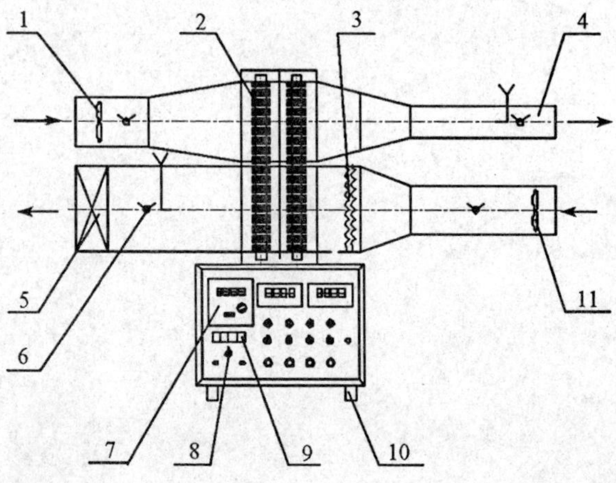


1 – 冷段风机；2 – 热管换热器；3 – 电加热器；4 – 冷段出风口；5 – 热段出风口；6 – 测温元件；7 – 温度数显仪表；8 – 工况选择开关；9 – 琴键开关；10 – 支架；11 – 热段风机

图 3.5.2 热管换热器实验台的结构

热段中的电加热器使空气加热，热风经热段风道时，通过翅片管进行换热和传递，从而使冷段风道的空气温度升高。利用风道中的热电偶对冷、热段的进出口温度进行测量，并用热线风速仪对冷、热段的出口风速进行测量，从而可以计算换热器的换热量 $Q$ 和传热系数 $k$。

## 三、实验台参数

1. 冷段出口内径：$D = 180\text{mm}$。

2. 热段出口内径：$D = 180\text{mm}$。

3. 冷段传热表面参数：翅片管长 280mm，钢管直径 21mm，翅片直径 40mm，翅片个数 104 个。

4. 热段传热表面参数：翅片管长 280mm，钢管直径 21mm，翅片直径 40mm，翅片个数 104 个。

5. 笛形管修正系数

热端：动压修正系数 $\xi = 0.845$，流量修正系数 $\alpha = 0.925$。

冷端：动压修正系数 $\xi = 0.943$，流量修正系数 $\alpha = 0.980$。

# 3.6 用球体法测定粒状材料的导热系数

## 一、实验目的

1. 巩固和深化稳态导热的基本理论,学习测定粒状材料的热导率的方法。
2. 确定热导率和温度之间的函数关系。

## 二、实验原理

热导率是表征材料导热能力的物理量,其单位为 W/(m·K),对于不同的材料,热导率是不同的。对于同一种材料,热导率还取决于它的化学纯度/物理状态(温度、压力、成分、容积、重量和吸湿性等)和结构情况。各种材料的热导率都是由专门实验测定出来的,然后汇成图表,工程计算时,可以直接从图表中查取。

球体法就是应用沿球半径方向一维稳态导热的基本原理测定粒状和纤维状材料导热系数的实验方法。

设有一空心球体,若内外表面的温度分别为 $t_1$ 和 $t_2$,并维持不变,根据傅立叶导热定律:

$$\phi = -\lambda A \frac{\mathrm{d}t}{\mathrm{d}r} = -4\pi r^2 \lambda \frac{\mathrm{d}t}{\mathrm{d}r} \tag{3.6.1}$$

边界条件

$$\begin{aligned} r = r_1\ t = t_1 \\ r = r_2\ t = t_2 \end{aligned} \tag{3.6.2}$$

(1)若 $\lambda$ = 常数,则由(3.6.1)和(3.6.2)式求得

$$\phi = \frac{4\pi\lambda r_1 r_2 (t_1 - t_2)}{r_2 - r_1} = \frac{2\pi\lambda d_1 d_2 (t_1 - t_2)}{d_2 - d_1} \quad [\mathrm{W}]$$

$$\lambda = \frac{\varphi (d_2 - d_1)}{2\pi d_1 d_2 (t_1 - t_2)} \quad [\mathrm{W/(m \cdot K)}] \tag{3.6.3}$$

(2)若 $\lambda \neq$ 常数,(3.6.1)式变为

$$\phi = -4\pi r^2 \lambda(t) \frac{\mathrm{d}t}{\mathrm{d}r} \tag{3.6.4}$$

由(3.6.4)式,得

$$\phi \int_{r_1}^{r_2} \frac{\mathrm{d}r}{4\pi r^2} = -\int_{t_1}^{t_2} \lambda(t)\mathrm{d}t \tag{3.6.5}$$

将上式右侧分子分母同乘以$(t_2 - t_1)$,得

$$\phi \int_{r_1}^{r_2} \frac{\mathrm{d}r}{4\pi r^2} = -\frac{\int_{t_1}^{t_2} \lambda(t)\mathrm{d}t}{t_2 - t_1}(t_2 - t_1) \tag{3.6.6}$$

式中,$\dfrac{\int_{t_1}^{t_2} \lambda(t)\mathrm{d}t}{t_2 - t_1}$ 项显然就是 $\lambda$ 在 $t_1$ 和 $t_2$ 范围内的积分平均值,用 $\lambda_m$ 表示即 $\lambda_m$ =

$\dfrac{\int_{t_1}^{t_2}\lambda(t)\mathrm{d}t}{t_2 - t_1}$。工程计算中，材料的热导率对温度的依变关系一般按线性关系处理，即 $\lambda = \lambda_0(1 + bt)$。因此，

$$\lambda_m = \frac{\int_{t_1}^{t_2}\lambda_0(1 + bt)\mathrm{d}t}{t_2 - t_1} = \lambda_0\left[1 + \frac{b}{2}(t_1 + t_2)\right] \tag{3.6.7}$$

这时，(3.6.5) 式变为

$$\lambda_m = \frac{\phi}{(t_1 - t_2)}\int_{r_1}^{r_2}\frac{\mathrm{d}r}{4\pi r^2} = \frac{\phi(d_2 - d_1)}{2\pi d_1 d_2(t_1 - t_2)} \quad [\mathrm{W/(m \cdot K)}] \tag{3.6.8}$$

式中，$\lambda_m$ 为实验材料在平均温度 $t_m = \frac{1}{2}(t_1 + t_2)$ 下的热导率，$\phi$ 为稳态时球体壁面的导热量，$t_1$、$t_2$ 分别为内外球壁的温度，$d_1$、$d_2$ 分别为球壁的内外直径。

实验时，应测出 $t_1$、$t_2$ 和 $\varphi$，并测出 $d_1$、$d_2$，然后由(3.6.3)式或(3.6.8)式得出 $\lambda_m$。

如果需要求得 $\lambda$ 和 $t$ 之间的变化关系，则必须测定不同 $t_m$ 下的 $\lambda_m$ 值，由

$$\begin{cases}\lambda_{m1} = \lambda_0(1 + bt_{m1}) \\ \lambda_{m2} = \lambda_0(1 + bt_{m2})\end{cases} \tag{3.6.9}$$

可求得 $\lambda_0$、$b$ 值，得出 $\lambda$ 和 $t$ 之间的关系式 $\lambda = \lambda_0(1 + bt)$。

## 三、实验设备

导热仪本体结构和测量系统如图 3.6.1 所示。

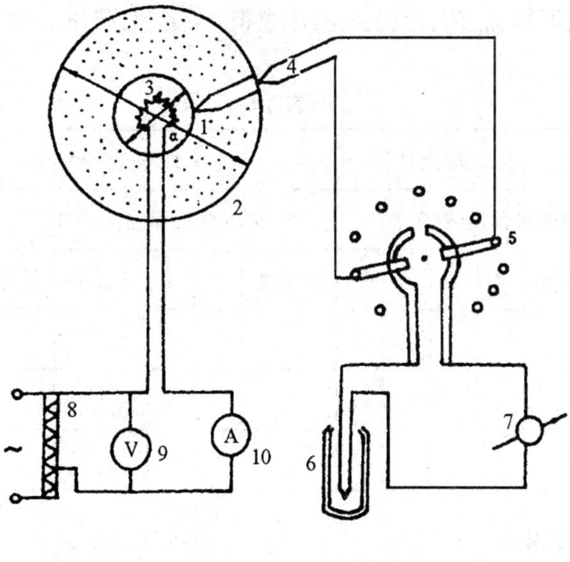


1－内球壳；2－外球壳；3－电加热器；4－热电偶；5－转换开关；6－冰点保温瓶；7－电位差计；8－调压变压器；9－电压表；10－电流表

图 3.6.1　导热仪本体结构和测量系统

本体由两个很薄的铜制同心球壳 1 和 2 组成。内球壳外径为 $d_1$，外球壳外径为 $d_2$，在两球壳之间均匀填满粒状材料(如沙子、珍珠岩、石棉灰等)。内壳中装有电加热器，它产生的热量将通过粒状材料导致外壳。为使内外球壳同心，两球之间有支撑杆。

由试料导出的热量从外壳表面以自然对流的方式由空气带走，球外上部和下部的空气流动情况不同，外球表面温度分布不均匀，因此在内外球壳的表面上各埋置 3~6 个对热电偶，用来测量内外球壳的温度，并取其平均值作为球壁的表面温度。

球内试料应力求松紧均匀，填满空间，室温应尽量保持不变，避免日光直射球壳，应防止人员走动、风等对球壳表面空气自由流动的干扰，以便使外球壳的自然对流放热状态稳定，这样才能在试料内建立一维稳态温度场。

## 四、实验步骤

1. 将试料烘干，并根据给定的被测材料的容量，算出仪器内所需装填的试料重量，然后均匀地装入球内；

2. 将所有仪器仪表按图 3.6.1 接好，并经指导教师检查；

3. 接通电源，用调压变压器将电压调到一定的数值并保持不变，观察各项测量数据的变化情况；

4. 当各项数据基本不随时间变化时，说明系统已达稳定状态，开始测量并记录(表 3.6.1)，每隔 5 分钟测一次，并测 3 次；

5. 整理数据，选取一组数据，代入计算式，计算值 $\lambda_m$；

6. 改变电加热器的电压，即改变热流，使它维持在另一数值上，当达到新的稳态后，重复步骤 4 和 5，得到新的 $\lambda_m$ 值。

利用两种情况下的 $\lambda_m$ 值，由(3.6.8)式求得 $\lambda_0$、$b$ 值，得出 $\lambda$ 和 $t$ 之间的关系式 $\lambda=\lambda_0(1+bt)$。

表 3.6.1

| 材料 | | | 内球壳外径 | | | | | 外球壳内径 | | | | | 室温 | |
|---|---|---|---|---|---|---|---|---|---|---|---|---|---|---|
| 测量 | 内球壳外面温度(℃) | | | | | | | 外球壳外面温度(℃) | | | | | | 电加热器 | |
| 次数 | 1 | 2 | 3 | 4 | 5 | 6 | 平均 | 1 | 2 | 3 | 4 | 5 | 6 | 平均 | 电流(I) | 电压(V) |
| 1 | | | | | | | | | | | | | | | | |
| 2 | | | | | | | | | | | | | | | | |
| 3 | | | | | | | | | | | | | | | | |

## 五、实验报告要求

1. 画出实验装置系统简图；

2. 实验过程中所测量的原始数据记录；

3. 实验表格和计算结果；

4. 实验结果的误差分析和讨论。

## 六、问题讨论

1. 试料填充不均匀所产生的影响是什么？
2. 内外球壳不同心所产生的影响是什么？
3. 室内空气不平静会产生什么影响？
4. 怎样判断、检验球体导热过程已达到稳态？
5. 怎样按测得的数据，计算圆球表面自然对流换热系数？
6. 球体导热仪从开始加热到热稳态所需时间取决于哪些因素？

# 3.7 空气外掠单管管外换热系数的测定

## 一、实验目的

1. 了解对流放热的实验研究方法。

2. 测定空气横向流过单管表面时的平均换热系数 $h$，并将试验数据整理成准则方程式，加深对相似理论的理解。

3. 学习测量风速、温度和热量的基本技能。

## 二、实验原理

根据相似理论，流体受迫外掠物体时的换热系数 $h$ 与流速、物体几何形状及尺寸、流体物性间的关系可用下列准则方程式描述：

$$Nu = f(Re, Pr) \tag{3.7.1}$$

实验研究表明，流体横掠单管表面时，一般可将上式整理成下列具体的指数形式：

$$Nu = CRe^n Pr^m \tag{3.7.2}$$

式中，$C$、$n$、$m$ 均为常数，由实验确定。准则数：

$$Nu = \frac{hd}{\lambda}, Re = \frac{ud}{\nu}, Pr = \frac{\nu}{a} \tag{3.7.3}$$

上述各准则中：

$d$ 为实验管外径，作定性尺寸[m]；

$u$ 为流体流过实验管外最窄面处流速[m/s]；

$\lambda$ 为流体的热导率[W/(m·K)]；

$a$ 为流体的导温系数[$m^2$/s]；

$\nu$ 为流体的运动粘度[$m^2$/s]。

定性温度用流体边界层的平均温度 $t_m = (t_w + t_f)/2$。鉴于实验中流体为空气，$Pr = 0.7$，故准则式可化为 $Nu = CRe^n$。

本实验的任务在于确定 $C$ 与 $n$ 的数值，首先使空气流速一定，然后测定有关数据：电流 $I$、电压 $V$、管壁温度 $t_w$、空气温度 $t_f$、微压计动压头 $l$。至于 $a$、$\nu$，在实验中无法直接测得，可通过计算求得，而物性参数可在有关资料中查得。得到一组数据后，可得一组 $Re$、$Nu$ 值，改变空气流速，得到一组数据，计算再得一组 $Re$、$Nu$ 值，改变几次空气流速，就可得到一系列的实验数据。

## 三、实验设备

本对流实验在一个实验风洞中进行。实验风洞主要由风洞本体、风机、构架、实验管及其加热器、水银温度计、倾斜式微压计、皮托管、电位差计、电流表、电压表以及调压变压器组成。风洞本体如图 3.7.1 所示。

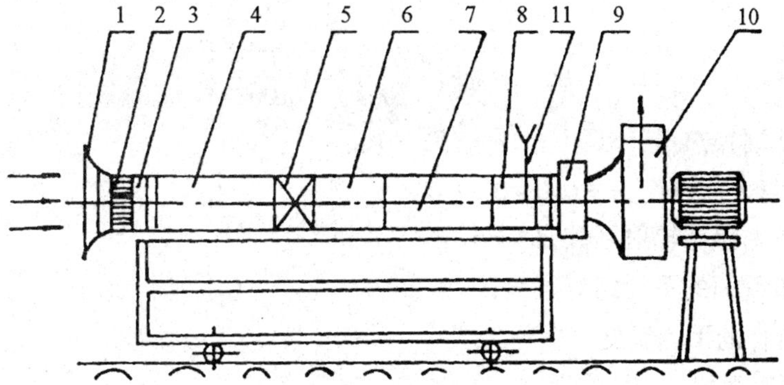


1－双扭曲线进网口;2－蜂窝器;3－整流金属网;4－第一测试段;5－实验段;
6－第二测试段;7－收缩段;8－测速段;9－橡皮连接管;10－风机;11－皮托管

图 3.7.1　实验风洞简图

由于实验段前有两段整流,可使进入实验段前的气流稳定。皮托管置于测速段,测速段截面较实验段小,以使流速提高,测量准确。风量由风机出口挡板调节。

实验风洞中安装了一根实验管,管内装有电加热器作为热源,管壁嵌有四对热电偶以测壁温。

## 四、实验步骤

1. 将皮托管与微压计连好、校正零点;连接热电偶与电位差计,再将加热器、电流表、电压表以及调压变压器线路连接好,指导老师检查确认无误后,准备启动风机。

2. 在关闭风机出口挡板的条件下启动风机,让风机空载启动,然后根据需要开启出口挡板,调节风量。

3. 在调压变压器指针位于零位时,合电闸加热实验管,根据需要调整变压器,使其在某一热负荷下加热,并保持不变,当壁温达到稳定(壁温热电偶电势在 3min 内保持读数不变,即可认为已经达到稳定状态)后,开始记录热电势、电流、电压、空气进出口温度及微压计的读数,所加电压不得超过 180V。

4. 在一定热负荷下,通过调整风量来改变 $Re$ 数的大小,因此保持调压变压器的输出电压不变,依次调节风机出口挡板,在各个不同的开度下测得其动压头,空气进、出口温度以及电位差计的读数,即为不同风速下,同一负荷的实验数据。

5. 不同热负荷条件下的实验,仅需要利用调压器改变电加热器功率,重复上述实验步骤即可。

6. 实验完毕,先切断实验管加热电源,待实验管冷却后再停止风机。

## 五、实验数据的整理计算

1. 壁面平均换热系数 $h$

电加热器所产生的总热量 $Q$,除以对流方式由管路传给空气外,还有一部分是以辐射方式传出去的,对流换热量 $Q_c$ 为:

$$Q_c = Q - Q_\tau = IV - Q_\tau \tag{3.7.4}$$

$$Q_\tau = \varepsilon C_0 F\left[\left(\frac{T_w}{100}\right)^4 - \left(\frac{T_f}{100}\right)^4\right] \tag{3.7.5}$$

$Q_\tau$——辐射换热量；

$\varepsilon$——试管表面黑度，$\varepsilon = 0.6 \sim 0.7$；

$C_0$——绝对黑体辐射系数，$C_0 = 5.67$；

$T_w$——管壁面的平均绝对温度；

$T_f$——流体的平均温度；

$F$——管表面积。

根据牛顿公式，壁面平均对流换热系数为：

$$h = \frac{Q_c}{(t_w - t_f)F} \quad [\mathrm{W/m^2 \cdot ℃}] \tag{3.7.6}$$

2. 空气流速的计算

采用皮托管在测速截面中心点进行测量，由于实验风洞测速分布均匀，因此不必进行截面速度不均匀的修正。

若采用倾斜式微压计测得的动压头为 $l$，则由能量方程式：

$$\frac{\rho_1}{\gamma_{空}} + \frac{\omega^2}{2g} = \frac{\rho_2}{\gamma_{空}} + 0 \tag{3.7.7}$$

而

$$\rho_2 - \rho_1 = (\gamma_{酒} - \gamma_{空})l$$

$$W_{酒} = \sqrt{\frac{2g}{\gamma_{空}}(\rho_2 - \rho_1)} = \sqrt{\frac{2g}{\gamma_{空}}(\gamma_{酒} - \gamma_{空})l} = \sqrt{\frac{2gl(\rho_{酒} - \rho_{空})}{\rho_{空}}} \tag{3.7.8}$$

式中：$\rho_{酒}$——微压计酒精的密度，$\rho = 0.81 \times 10^3\,\mathrm{kg/m^3}$；

$\rho_{空}$——空气的密度，根据空气的平均温度，可在有关书中查得；

$l$——动压头，用液柱高表示。

由上式计算所得的流速式测速截面处的流速，而准则式中的流速 $W$ 是指流体流过实验管最窄截面的流速，由连续性方程：

$$W_{测} \cdot F_{测} = W_{试}(F_{试} - L \cdot d \cdot n) \tag{3.7.9}$$

$$W_{试} = \frac{W_{测} \cdot F_{测}}{F_{试} - L \cdot d} \tag{3.7.10}$$

式中：$F_{测}$ 是测速处流道截面积（$\mathrm{m^2}$）；$F_{试}$ 是放试管处流道截面积（$\mathrm{m^2}$）；$L$ 是实验管有效管长（m）；$d$ 是实验管外径（m）；$n$ 是实验管数；$W_{测}$ 是测速处流体流速（m/s）；$W_{试}$ 是实验管截面处流速（m/s）。

3. 确定准则方程式

将数据代入，得到准则数，即可在以 $Nu_m$ 为纵坐标，以 $Re_m$ 为横坐标的常用对数坐标图上，得到一些实验点，然后用直线连接起来，因

$$\lg Nu_m = \lg C + n\lg Re_m \tag{3.7.11}$$

为直线的截距，$n$ 为直线的斜率，取直线上的两点，则

$$n = \frac{\lg Nu_2 - \lg Nu_1}{\lg Re_2 - \lg Re_1} \tag{3.7.12}$$

$$C = \frac{Nu_1}{Re^n} \tag{3.7.13}$$

即可得出具体的准则方程式 $Nu = CRe^n$。

## 六、实验报告要求

1. 简述实验原理；
2. 分析实验原始数据，整理数据；
3. 做出 $Nu = CRe^n$ 图线；
4. 误差分析。

## 七、问题讨论

1. 以本实验为例，试讨论相似理论在对流换热实验研究中的应用。
2. 为什么本实验可认为风道壁温等于流体温度，并用流体温度来计算辐射换热量？
3. 标绘测速断面速度分布图，并进行分析。
4. 本实验中的实验管，其边界条件属于常热流边界条件，还是常壁温边界条件？

表 3.7.1 实验数据原始记录表

<table>
<tr><td colspan="17">风洞截面尺寸：1.测速段截面尺寸，0.25m×0.10m</td></tr>
<tr><td colspan="17">2.实验段截面尺寸，0.25m×0.25m</td></tr>
<tr><td colspan="17">3.实验段有效流通面积，m²</td></tr>
<tr><td colspan="17">实验管尺寸：1. 外径，0.038m</td></tr>
<tr><td colspan="17">2. 有效长度，0.23m</td></tr>
<tr><td rowspan="3">实验次序</td><td colspan="2">电加热器</td><td colspan="3">气流温度</td><td>微压计</td><td rowspan="3">倾角比值</td><td colspan="9">实验管壁面温度</td></tr>
<tr><td rowspan="2">电流</td><td rowspan="2">电压</td><td rowspan="2">入口空气温度</td><td rowspan="2">出口空气温度</td><td rowspan="2">平均值</td><td rowspan="2">微压计读数</td><td colspan="2">1</td><td colspan="2">2</td><td colspan="2">3</td><td colspan="2">4</td><td rowspan="2">壁温平均值</td></tr>
<tr><td>毫伏读数</td><td>温度</td><td>毫伏读数</td><td>温度</td><td>毫伏读数</td><td>温度</td><td>毫伏读数</td><td>温度</td></tr>
<tr><td></td><td>A</td><td>V</td><td>℃</td><td>℃</td><td>℃</td><td>mm</td><td></td><td>mV</td><td>℃</td><td>mV</td><td>℃</td><td>mV</td><td>℃</td><td>mV</td><td>℃</td><td>℃</td></tr>
<tr><td>1</td><td></td><td></td><td></td><td></td><td></td><td></td><td></td><td></td><td></td><td></td><td></td><td></td><td></td><td></td><td></td><td></td></tr>
<tr><td>2</td><td></td><td></td><td></td><td></td><td></td><td></td><td></td><td></td><td></td><td></td><td></td><td></td><td></td><td></td><td></td><td></td></tr>
<tr><td>3</td><td></td><td></td><td></td><td></td><td></td><td></td><td></td><td></td><td></td><td></td><td></td><td></td><td></td><td></td><td></td><td></td></tr>
<tr><td>4</td><td></td><td></td><td></td><td></td><td></td><td></td><td></td><td></td><td></td><td></td><td></td><td></td><td></td><td></td><td></td><td></td></tr>
<tr><td>5</td><td></td><td></td><td></td><td></td><td></td><td></td><td></td><td></td><td></td><td></td><td></td><td></td><td></td><td></td><td></td><td></td></tr>
<tr><td>6</td><td></td><td></td><td></td><td></td><td></td><td></td><td></td><td></td><td></td><td></td><td></td><td></td><td></td><td></td><td></td><td></td></tr>
</table>

表 3.7.2　实验数据整理表

| 实验次数 | 电加热器功率 | 空气平均温度 | 壁面平均温度 | 辐射热量 | 对流热量 | 对流放热系数 | 微压计压差 | 测速段流速 | 实验段流速 | 导热系数 | 运动粘度 | 努塞尔数 | 雷诺数 | |
|---|---|---|---|---|---|---|---|---|---|---|---|---|---|---|
| | W | ℃ | ℃ | W | W | | mm | m/s | m/s | | | | | |
| 1 | | | | | | | | | | | | | | |
| 2 | | | | | | | | | | | | | | |
| 3 | | | | | | | | | | | | | | |
| 4 | | | | | | | | | | | | | | |
| 5 | | | | | | | | | | | | | | |
| 6 | | | | | | | | | | | | | | |

## 3.8　空气沿横管表面自由流动的换热

### 一、实验目的和要求

1. 了解空气沿管表面自由换热的实验方法,巩固课堂上学过的知识;
2. 测定单管的自然对流换热系数 $\alpha$;
3. 根据对自然对流换热的相似分析,整理出准则方程式。

### 二、实验原理

对铜管进行电加热,热量应是以对流和辐射两种方式来散发的,所以换热量为总热量与辐射换热量之差,即:

$$Q = Q_c + Q_\tau, Q_c = \alpha F(t_w - t_f) \tag{3.8.1}$$

$$\alpha = \frac{IV}{F(t_w - t_f)} - \frac{C_0 \varepsilon}{(t_w - t_f)}\left[\left(\frac{T_w}{100}\right)^4 - \left(\frac{T_f}{100}\right)^4\right] \tag{3.8.2}$$

$Q_\tau$——辐射换热量;

$Q_c$——对流换热量;

$\varepsilon$——试管表面黑度;

$C_0$——黑体的辐射系数;

$t_w$——管壁平均温度;

$t_f$——室内空气温度;

$\alpha$——自由流动换热系数。

根据相似理论,对于自由对流换热,努谢尔特数 $Nu$ 是葛拉晓夫数 $Gr$、普朗特数 $Pr$ 的函数:

$$Nu = f(Gr, Pr) \tag{3.8.3}$$

可表示成

$$Nu = c(Gr \cdot Pr)^n$$

其中 $c, n$ 是通过实验所确定的常数,为了确定上述关系式的具体形式,根据测量数据计算结果求得准则数:

$$Nu = \frac{\alpha d}{\lambda}, Gr = \frac{g\Delta t\beta d^3}{\nu^2} \tag{3.8.4}$$

物性参数由定性温度从教科书中查出。

通过改变加热量,可求得一组准则数,把几组数据标在对数坐标上得到以 $Nu$ 为纵坐标,以 $Gr$、$Pr$ 为横坐标的一系列点,画一条直线,使大多数点落在这条直线上或周围,根据:

$$\lg Nu = \lg c + n\lg(Gr \cdot Pr) \tag{3.8.5}$$

这条直线的斜率为 $n$,截距为 $c$。

## 三、实验装置及测量仪表

实验装置由实验管(8 种类型)等组成。测量仪表有电位差计、TDGC 型接触式调压器、稳压器、电流表、电压表等,如图 3.8.1 所示。

实验管上有热电偶嵌入管壁,可反映出管壁的热电势,电位差计用于测量管壁的电热势,稳压器可稳定输入电压,使加入管的热量保持一定,电压、电流表测定电加热器的电压和电流。

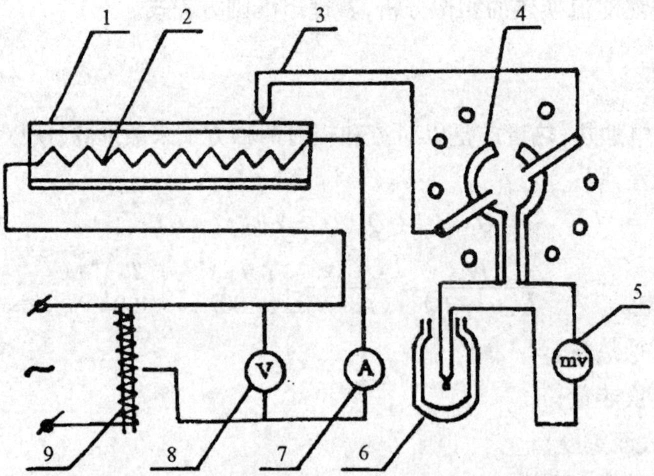


1－实验管;2－电加热器;3－壁温热电偶;4－转换开关;
5－电位差计;6－冰水溶液保温瓶;7－电流表;8－电压表;9－变压器

图 3.8.1　实验管电路及测量系统

## 四、实验步骤

1. 按电路图接好线路,经指导老师检查后接通电源;
2. 调整调压器,对实验管加热;
3. 稳定 6h 后开始测管壁温度,记下数据;
4. 间隔 0.5h 再记一次,直到两组数据接近为止;
5. 将两组接近的数据取平均值,作为计算数据;
6. 记下半导体温度计(或用玻璃温度计)指示的空气温度;
7. 经指导教师同意,将调压器调整回零位,切断电源。

## 五、实验数据的整理

1. 已知数据

管径:$d_1 =$　　$d_2 =$　　$d_3 =$　　$d_4 =$

　　$d_5 =$　　$d_6 =$　　$d_7 =$　　$d_8 =$

管长:$L_1 =$　　$L_2 =$　　$L_3 =$　　$L_4 =$

　　$L_5 =$　　$L_6 =$　　$L_7 =$　　$L_8 =$

2. 测试数据

管壁热电势 $mV_1, mV_2, \cdots, mV_n$；室内空气温度 $t_f$；电流 $I$，电压 $V$。

3. 整理数据

根据所测热电势算出平均值 $mV_m = \dfrac{mV_1 + mV_2 + \cdots mV_N}{n}$，查出对应的温度 $t$，计算加热器的热量 $Q = I \cdot V$。

a. 求对流换热系数

$$\alpha = \frac{IV}{F(t_w - t_f)} - \frac{C_0 \varepsilon}{(t_w - t_f)}\left[\left(\frac{T_w}{100}\right)^4 - \left(\frac{T_f}{100}\right)^4\right] \tag{3.8.6}$$

b. 查出物性参数

定性温度取空气边界层平均温度 $t_m = \frac{1}{2}(t_f + t_w)$，在教科书的附录中查得空气的导热系数 $\lambda$、热膨胀系数 $\beta$、运动粘度 $\nu$、导温系数 $a$ 和普朗特数 $Pr$。

c. 用标准公式计算 $Nu$ 和对流换热系数 $\alpha'$。求相对误差 $\left|\dfrac{\alpha - \alpha'}{\alpha'}\right|$。

d. 以班组为单位整理准则方程。

把求得的有关数据代入准则中可得准则式，把对应的数据标在对数坐标纸上，几组数据可标得一条直线，求得 $Nu = c(Gr \cdot Pr)^n$。

## 六、实验报告要求

1. 实验目的、原理、步骤、数据整理；
2. 作出直线，写出准则方程式；
3. 误差分析。

## 七、问题讨论

1. 怎样才能使本实验管的加热条件成为常壁温？
2. 管子表面的热电偶应沿长度和圆周均匀分布，目的何在？
3. 如果室内空气温度不平静，会导致什么后果？
4. 本实验的范围有多大，是否可达到紊流状态？

表 3.8.1　实验数据记录

| 项目 | 横管几何尺寸 | | | 电压 $V$ | 电流 $I$ | 热量 $Q$ | 室温 | 热电势($mV$) | | | | | | | | | 管表面温度 |
|---|---|---|---|---|---|---|---|---|---|---|---|---|---|---|---|---|---|
| | D (m) | L (m) | F (m) | | | | ℃ | | | | | | | | $mV$ | $mV + mr_f$ | $t_w$(℃) |
| | | | | | | | | | | | | | | | | | |
| | | | | | | | | | | | | | | | | | |
| | | | | | | | | | | | | | | | | | |
| | | | | | | | | | | | | | | | | | |
| | | | | | | | | | | | | | | | | | |

表 3.8.2 实验数据整理

| 序号 | $D^3 \times 10^4$ | $\Delta t$ | $t_m$ | $T_m$ | $\beta \times 10^2$ | $\lambda \times 10^2$ | $\nu \times 10^6$ | $Pr$ | $Gr$ | $Re$ | $\alpha$ | $Nu$ |
|---|---|---|---|---|---|---|---|---|---|---|---|---|
| | | | | | | | | | | | | |
| | | | | | | | | | | | | |
| | | | | | | | | | | | | |
| | | | | | | | | | | | | |
| | | | | | | | | | | | | |
| | | | | | | | | | | | | |

# 3.9　金属表面的法向辐射率的测定

## 一、实验目的与任务

1. 熟知热辐射的基本概念和基本理论；
2. 学习法向辐射测量仪的基本原理；
3. 掌握金属材料表面法向辐射率的测量方法。

## 二、实验原理

在传热学中，将某物体表面的半球辐射率（或称为半球发射率、半球黑度，简称黑度）定义为该物体表面的辐射率 $E$ 与同温度下黑体表面的辐射力 $E_b$ 比值，即 $\varepsilon = E/E_b$。而某物体表面的法向辐射率（法向辐射率，或法向黑度）定义为该物体表面的法向辐射强度 $I_n$ 与同温度下黑体的法向辐射强度 $I_{bn}$ 的比值，即 $\varepsilon = I_n/I_{bn}$。对于每一种物体表面，ε 和 $\varepsilon_n$ 之间有一定的数量关系。

法向辐射率测量仪就是从法向辐射率的基本定义出发而设计的，图 3.9.1 示出实验设备。用一个热辐射敏感元件分别接受温度相同的待测样品和黑体的热辐射，为限制待测样品和黑体的辐射能量，只有法线方向的能量被感受元件所接收，将感受件置于一个直径较小、长度较长的黑体腔内（称为感受件腔）。感受件采用无选择性的平面热电堆。它由八对热电偶串联而成，可使输出信号加大。让感受件分别接受同一温度下的待测样品和黑体的热辐射，则感受件的电势与待测样品和黑体的法向辐射强度成正比，即：

$$\varphi = KI_n \qquad \varphi_b = KI_{bn} \tag{3.9.1}$$

式中：$\varphi$——感受件接受待测样品辐射时的电势；

$\varphi_b$——感受件接受黑体辐射时的电势；

$K$——比例系数，或称为热电转换系数。

再根据法向辐射率的定义：

$$\varepsilon_n = \frac{I_n}{I_{bn}} \tag{3.9.2}$$

则有：

$$\varepsilon_n = \frac{\varphi}{\varphi_b} \tag{3.9.3}$$

## 三、试验仪器的构造

法向辐射率测量仪主要由样品室、黑体腔、感受件腔和零点校正器等四部分构成，见结构示意图 3.9.1。

样品室：将待测样品置于一个热水腔内，其热水由恒温水浴提供；而且与黑体腔串联起来用同一个恒温水浴供热水，保证待测样品与黑体的温度相同。

黑体腔：也称作人工黑体，黑体腔直径与长度之比为 1/3，内壁涂有无光黑漆（$\varepsilon \approx 1$）。

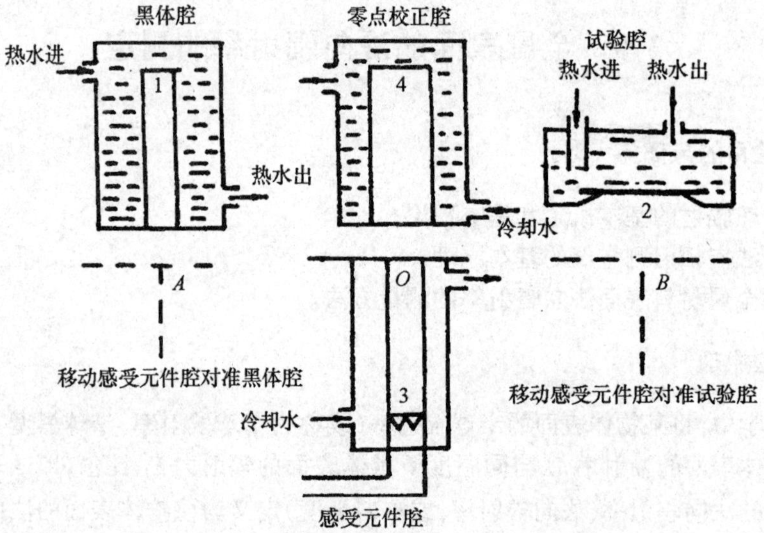


1－黑体腔；2－待测试件；3－热电堆；4－零点校正器

图 3.9.1 法向发射率测定仪示意图

感受件腔：感受元件平面热电堆置于腔内，其直径与长度比保证平面热电堆只能吸收到样品和黑体腔法向辐射的能量，该腔用自来水供水。

零点校正器：其结构与黑体腔相似，只是腔内是用冷水循环。它可以与感受件腔并联起来通自来水。

样品室、零点校正器和黑体腔放在同一机箱内，而感受体腔放在一块滑板上，它可以左右移动分别对准 $A$、$O$、$B$ 三个位置上。

### 四、试验步骤

1. 检查水路以及感受元件平面热电堆到二次仪表（检流计或电位差位）的引线是否接好，将待测样品装入样品室；

2. 缓缓打开冷水阀门，检查有无漏水现象，如发现漏水，立即将阀门关死，找出原因加以解决；

3. 将恒温水浴接点温度计调到指定位置（85～90℃，已调好）；

4. 打开恒温水浴电源及加热开关，当水温升到指定温度时开启搅拌器开关，直到温度平衡后，关闭恒温水域上的辅助加热开关；

5. 测量

（1）先将感受件腔对准零点校正器，当电位差计上的检流计指针没有明显漂移后，记住检流计指针的 $\varphi_0$ 位置。

（2）将感受件腔右移到 $B$ 位置，对准黑体腔，调节电位差计的测量盘，使检流计指针指到 $\varphi_0$，记下测量盘的 $\varphi_b$ 度数。

（3）然后再将感受件腔向左移动，对准样品室，调节电位差计测量盘，使检流计指针指到 $\varphi_0$，记下测量盘的读数 $\varphi$。

(4)根据公式 $\varepsilon_n=\frac{I}{\varphi_b}=\frac{\varphi}{I_b}$,求出 $\varepsilon_n$。

(5)将上面测量步骤重复几次,将几次测量结果的平均值作为测量的最后结果。测试完毕后,停止搅拌,关闭恒温水浴电源开关及自来水阀门。

注意,测试过程中不能用手触摸样品表面,否则会影响测试数据,因为材料表面的光洁度对试验结果影响很大。

## 五、问题讨论

1. 测定法向辐射率有什么实际意义?
2. 本仪器是否宜于测定辐射率较低的试件?
3. 待测试件的厚度是否影响测试结果?对于不良导体是否适用?
4. 影响测试准确性的因素有哪些?

# 3.10　利用纹影仪观察自然对流换热时的边界层状态

## 一、实验目的

观察空气在自然对流换热时的边界层状态，了解边界层内速度分布、温度分布及局部换热系数 $\alpha_x$ 与边界层状态的关系。

## 二、实验原理

温度为 $t_f$ 的静止流体，与温度为 $t_w$ 的壁面相接触，如果 $t_f \neq t_w$，则随着离壁面距离的不同，流体的温度也不同，因而密度不同，引起浮升力，造成近壁处流体的自由流动，形成速度边界层和热边界层。由于速度由温度变化引起，所以可以认为速度边界层和热边界层厚度相等。

设有一竖壁，$t_f < t_w$，流体受浮升力作用自壁的下端向上运动，开始时边界层处于层流状态，向上边界层逐渐加厚，达到某一高度，流态开始转变为紊流，但紧贴壁面的部分为层流底层，边界层内的速度分布、温度分布及局部换热系数 $\alpha_x$ 的变化情况如图 3.10.1 所示。

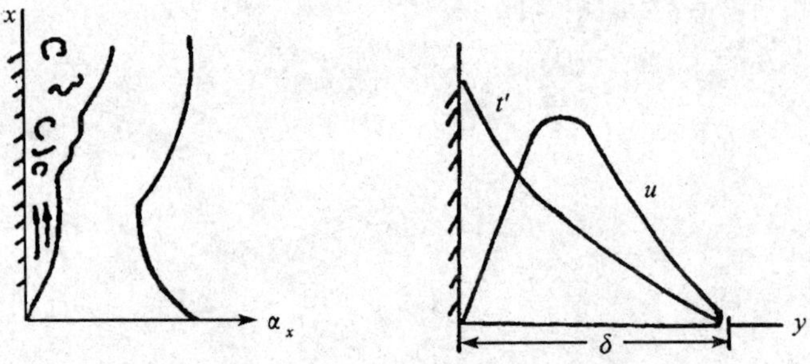


图 3.10.1　竖板自然对流边界层状态

## 三、实验设备

如图 3.10.2 所示，主要有光源、加热体和屏幕。

1. 平行光光源，包括一个 220V、250W 的碘钨灯，一个发射凹槽，一个可调凸透镜。

2. 加热体，可以是水平圆管、竖管、水平板（热面朝下或朝上）。实验时加热体为水平圆管，内装一支 1000W 的碘钨灯作为热源，为了便于调节，使用自耦变压器，电压调至 60V 左右，就可观察到影像，管外近壁处空气温度大约在 100℃以上。

## 四、实验步骤及结果

1. 把光源、加热体、屏幕放到一条直线上，并拉开一定距离；

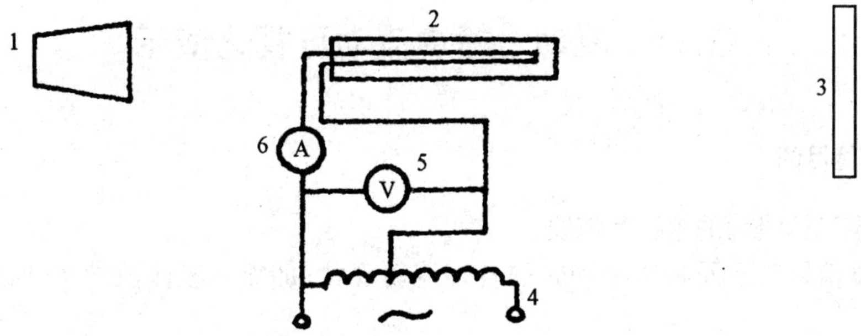


1－平行光光源;2－加热体;3－屏幕;4－可调变压器;5－电压表;6－电流表

图 3.10.2 实验系统

2. 连接加热体的线路,并通电加热;
3. 打开电源,几分钟之后,则可在屏幕上看到影像;
4. 加热体形体不同,在屏幕上所得到的边界层影像也不同。

## 五、问题讨论

1. 流体产生自然对流换热的根本原因是什么?
2. 自然对流边界层内的速度和温度分布是怎样的?
3. 自然对流中如何判断层流和紊流?
4. 自然对流换热比强迫对流换热更难获得分析解,为什么?

# 3.11 流动水槽中流动可视化演示

## 一、实验目的

1. 观察流体流动的迹线和流线;

2. 观察流体绕不同物体流动时的各种流动现象,加深对流体流动规律的认识和理解;

3. 观察平板热边界层的变化情况和热边界层内的温度分布情况。

## 二、实验原理

在流动水槽中,放置细金属导线作为阴极,另放置一金属板作为阳极,通电后使水电解,产生气泡,借助于气泡对光的散射,显示出流体质点的运动,这就是流动水槽观察流动的简单原理。

流体质点的运动可用迹线和流线来描述,迹线是流体质点运动的轨迹;流线是在某一瞬时,流场中连续的不同位置质点的流动方向线,所以迹线和流线是不同的,只有在定常流动时,迹线才是流线。在水槽的定常流场中,如果在某断面上连续地产生气泡,用照相机拍照,在短暂的曝光时间内,照片上留下流体质点的很小位移线段,它的方向可代表这一瞬时流体质点的运动速度方向,把这些小线段前后相接连成的曲线就是流线。实际上,在水槽的某一截面上的许多点上同时产生气泡,所以可从水槽中观察流谱以及轨迹线。

## 三、实验设备

整个设备包括回路式槽体、槽体台架方波发生器及光源,如图 3.11.1 所示。

槽体由实验段、驱动电机、轴流泵叶轮等组成,实验段长度 1300mm、宽 140mm、深 100mm,实验段内最高流速约为 16cm/s,可连续调节。整个槽体由有机玻璃制成,透明度好,槽体全长为 2000mm,高度为 500mm。

槽体台架为钢木结构,台架上放置水槽,台架内装有电源,方波发生器,电动机调速器。

方波发生器是流场显示产生氢气泡的电源装置。

光源由光源支架及 PT84-1 白昼幻灯机组成,光源支架可任意调节其俯仰角度。

## 四、实验步骤

1. 水槽:充入洁净的自来水,待实验段内水面高出收缩段出口约 1cm,拔出阻尼网,插入闸板,启动水泵。这时,拐角段内水面上升(此时排气管通大气),待水面升到拐角段上表面,当该段内空气已基本排出时,封闭排气管,关闭水泵,取出闸板,插入阻尼网。若实验段水面低于收缩段出口处的高度,则需要再加水,直到水面略高于收缩段出口高度为止。

2. 将模型放入槽中,根据需要安置好阴极丝和阳极丝,并分别联结方波发生器的阴

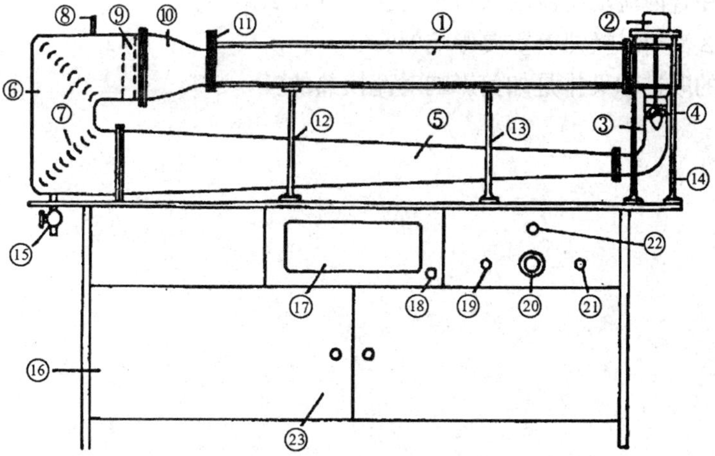

1－实验段；2－电机；3－第一拐角段；4－轴流泵；5－扩散段；6－第二、三拐角段；
7－导流片；8－排气管；9－蜂窝器；10－收缩段；11－阻尼网；12～14－支架；
15－排水阀；16－台架；17－方波发生器；18－极性转换开关；19－电机启动开关；
20－流速调节旋钮；21－保险丝盒；22－指示灯；23－模型柜

图 3.11.1　流动显示水槽示意图

阳极。(注意：阴极丝和阳极丝不能短路)

3. 打开水源，调节流速旋钮，使流动达到需要的速度。

4. 打开光源，调整光源位置和光柱幅度。

5. 打开方波发生器电源开关，调节电压旋钮，使阴极丝上出现氢气泡，这时可观察到各种不同的流谱。

1)放置平板及直槽道模型，观察边界层的变化情况及速度分布；

2)放置圆柱体模型，观察圆柱体周围的速度分布情况；

3)放置管束模型，观察流体绕过顺排及叉排管束时的流动情况；

4)放置机翼模型，观察翼型表面的流体分离区及旋涡区。

## 五、实验报告

1. 画出绕机翼流动的流谱；
2. 画出绕圆柱流体流动的流谱；
3. 画出绕管束流动的流谱。

## 六、问题讨论

1. 流体沿平板流动和换热时，速度边界层及热边界层是如何发展的？指出它们的重要性及它们之间的关系。

2. 为什么边界层的厚度沿着流动方向越来越厚？为什么紊流边界层的厚度增长得比层流边界层快？边界层的厚度受哪些因素的影响？

3. 速度边界层和热边界层是否一定在平板前缘同时开始形成？

4. 流体在管内流动时流动入口段对换热有什么影响?

5. 为什么流速对换热有重要影响?

6. 管束的顺排和叉排是如何影响对流换热的?

# 3.12　换热器综合实验

## 一、实验目的

1. 熟悉换热器性能的测试方法，了解影响换热器性能的因素。
2. 掌握间壁式换热器传热系数的测定方法。
3. 了解套管式换热器、板式换热器和列管式换热器的结构特点及其性能的差别。
4. 加深对顺流和逆流两种流动方式换热器换热能力差别的认识。
5. 熟悉流体流速、流量、压力、温度等参数的测量技术。

## 二、实验要求

1. 以传热系数为纵坐标，冷(热)水流量为横坐标绘制换热器传热性能曲线。
2. 对三种不同型式的换热器传热性能进行比较。
3. 分析影响换热器性能的因素。
4. 根据实验结果，计算冷热流体与管壁的表面传热对流换热热阻，管壁的导热热阻，比较在传热过程中各个热阻所占的比例。

## 三、实验原理

换热器为冷热流体进行热量交换的设备。本实验所用到的均是间壁式换热器，热量通过固体壁面由热流体传递给冷流体。实验原理如图 3.12.1 所示。

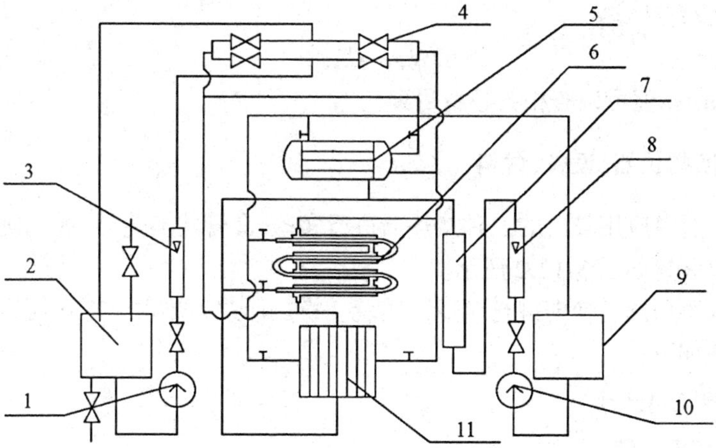


1－冷水泵；2－冷水箱；3－冷水浮子流量计；4－冷水顺逆流换向阀门组；5－列管式换热器；6－套管式换热器；7－电加热水箱；8－热水浮子流量计；9－回水箱；10－热水泵；11－板式换热器

图 3.12.1　换热器综合实验台原理图

通过测量冷热流体的流量、进出口温度，可以由式(3.12.1)～(3.12.2)计算换热器的换热量，由式(3.12.5)计算换热器的温差，因此可以根据式(3.12.6)计算出换热器的传热系数，换热器的传热系数综合反映了传热过程的难易程度，表示单位传热温差、传热面积下所传递的热量。另外结合换热器的结构数据，由式(3.12.7)～(3.12.8)计算冷热流体与管壁的表面传热对流换热系数，进而比较三个环节热阻的相对大小。

热流体放热量

$$\phi_1 = c_1 m_1 (t'_1 - t''_1) \tag{3.12.1}$$

冷流体吸热量

$$\phi_2 = c_2 m_2 (t''_2 - t'_2) \tag{3.12.2}$$

平均换热量

$$\phi = \frac{\phi_1 + \phi_2}{2} \tag{3.12.3}$$

热平衡误差

$$\Delta = \frac{\phi_1 - \phi_2}{\phi} \times 100\% \tag{3.12.4}$$

换热器温差

$$\Delta t_m = \frac{\Delta t_{\max} - \Delta t_{\min}}{\ln \frac{\Delta t_{\max}}{\Delta t_{\min}}} \tag{3.12.5}$$

传热系数

$$k = \frac{\phi}{A \Delta t_m} \tag{3.12.6}$$

内部流动对流换热

$$Nu = 0.023 Re^{0.8} Pr^{0.4} \tag{3.12.7}$$

外部流动对流换热

$$Nu = C Re^n Pr^m \tag{3.12.8}$$

其中 $C$、$n$、$m$ 值可以查相关教材得到。

## 四、实验所需仪器、设备、材料

本实验主要对应用较广的三种换热器进行实验：套管式换热器、板式换热器和列管式换热器。实验装置如图3.12.2所示。

采用冷水可用阀门换向进行顺逆流实验。换热形式为热水－冷水换热式。实验中所需的仪器设备如下：

1. 换热器几何尺寸

(1)套管式换热器

换热面积0.22 $m^2$。

外管：外径25mm，壁厚2mm，铜管；中间管外径12mm，壁厚1mm，铜管；长80cm，8组并列；

(2)板式换热器

换热面积0.40$m^2$。

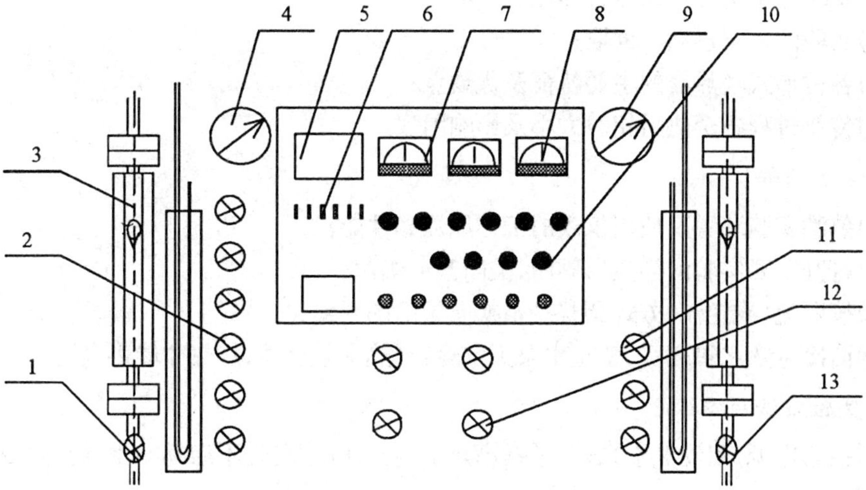


1－热水流量调节阀；2－热水板式、套管、列管启闭阀门组；3－冷水流量计；4－换热器进口压力表；5－数显温度计；6－琴键转换开关；7－电压表；8－电流表；9－冷水出口压力表；10－开关组；11－冷水板式、套管、列管启闭阀门组；12－顺逆流转换阀门组；13－冷水流量调节阀

图 3.12.2　实验装置简图

(3)列管式换热器

换热面积 0.51$m^2$。

外壳外径 110mm，壁厚 2mm，不锈钢；中间管子外径 16mm，壁厚 1mm，不锈钢管；长 84cm，2 条(4 根管两次折流，即 3 个管程)。

2. 电加热总功率

电加热总功率为 9.0 kW。

3. 冷、热水泵

允许工作温度小于 80 ℃；

额定流量：3 $m^3$/h；

扬程：12 m；

电机电压：220 V；

电机功率：370 W。

4. 转子流量计型号

型号：LZB－15；

流量：40～400 l/h；

允许温度范围：0～120 ℃。

## 五、实验预习要求、实验条件、方法及步骤

1. 实验预习要求

(1)温度计压力表的读数与精度；

(2)系统充水量与水泵运行的注意事项；

(3)实验的数据预期与读取；

(4)各种形式换热器的主要特征及优缺点；

(5)传热过程各个热阻相对大小及影响因素。

2. 实验条件

(1)熟悉实验装置及使用仪表的工作原理和性能；

(2)打开所要实验的换热器阀门,关闭其他阀门；

(3)按顺流(或逆流)方式调整冷水换向阀门的开或关；

(4)向冷－热水箱充水,禁止水泵无水运行(热水泵启动,加热才能供电)。

3. 实验方法与步骤

(1)接通电源,启动热水泵(为了提高热水温升速度,可先不启动冷水泵),并调整到合适的流量；

(2)调整温控仪,使加热水温控制在80℃以下的某一指定温度；

(3)将加热器开关分别打开(热水泵开关与加热开关已进行连锁,热水泵启动,加热才能供电)；

(4)利用数显温度计和温度测点选择琴键开关按钮,观测和检查换热器冷－热流体的进出口温度。待冷－热流体的温度基本稳定后,既可测出相应测温点的温度数值,又可以读出转子流量计冷－热流体的流量读数,把这些测试结果记录到实验数据记录表中；

(5)如需要改变流动方向(顺,逆流)的实验,或需要绘制换热器传热性能曲线而要求改变工况(如需要改变冷热水流速或流量)进行试验,或需要重复进行试验时,都要重新安排实验,并记录下实验测试数据；

(6)实验结束后,首先关闭电加热器开关,5min后切断全部电源。

## 六、实验数据处理

1. 数据计算

热流体放热量：

$$Q_1 = m_1 c_{p1}(T_1 - T_2)$$

冷流体吸热量：

$$Q_2 = m_2 c_{p2}(t_2 - t_1)$$

平均换热量：

$$Q = \frac{Q_1 + Q_2}{2}$$

热平衡误差：

$$\Delta = \frac{Q_1 - Q_2}{Q} \times 100\%$$

对数平均温差：

$$\Delta t_m = \frac{\Delta t_{\max} - \Delta t_{\min}}{\ln \dfrac{\Delta t_{\max}}{t_{\min}}}$$

传热系数：

$$k = \frac{Q}{A\Delta t_m}$$

式中：$m_1, m_2$——热、冷流体的质量流量；

$c_{p1}, c_{p2}$——热、冷流体的定压比热；

$T_1, T_2$——热流体的进、出口温度；

$t_1, t_2$——冷流体的进、出口温度；

$A$——换热面积；

$\Delta t_{\max}, \Delta t_{\min}$——进出口温度端差的最大值和最小值。

注：冷热流体的质量流量 $m_1, m_2$ 是根据修正后的流量计体积流量折算成的质量流量。

2. 绘制传热性能曲线，并进行比较

(1)以传热系数为纵坐标，冷水(冷水)流速(或质量)为横坐标绘制传热性能曲线；

(2)对顺流和逆流换热性能进行比较；

(3)对三种不同型式的换热器性能进行比较。

## 七、问题讨论

1. 冷热水箱温度不恒定对实验结果有何影响？
2. 怎样按测得的数据，计算流体与固体壁面间的对流换热系数？
3. 实验中为什么可以不考虑辐射换热？
4. 变工况后马上记录测点数据对实验有影响吗，为什么？
5. 怎样由传热性能曲线比较三种换热器的性能？
6. 根据实验结果说明为什么工程上可以忽略换热器中间壁的导热热阻？

表 3.12.1　实验数据记录表

换热器名称__________________　环境温度________℃

<table>
<tr><td rowspan="2">顺逆流</td><td colspan="3">热流体</td><td colspan="3">冷流体</td></tr>
<tr><td>进口温度<br>（℃）</td><td>出口温度<br>（℃）</td><td>流量计数<br>（$l/h$）</td><td>进口温度<br>（℃）</td><td>出口温度<br>（℃）</td><td>流量计数<br>（$l/h$）</td></tr>
<tr><td rowspan="6">顺流</td><td></td><td></td><td></td><td></td><td></td><td></td></tr>
<tr><td></td><td></td><td></td><td></td><td></td><td></td></tr>
<tr><td></td><td></td><td></td><td></td><td></td><td></td></tr>
<tr><td></td><td></td><td></td><td></td><td></td><td></td></tr>
<tr><td></td><td></td><td></td><td></td><td></td><td></td></tr>
<tr><td></td><td></td><td></td><td></td><td></td><td></td></tr>
<tr><td rowspan="6">逆流</td><td></td><td></td><td></td><td></td><td></td><td></td></tr>
<tr><td></td><td></td><td></td><td></td><td></td><td></td></tr>
<tr><td></td><td></td><td></td><td></td><td></td><td></td></tr>
<tr><td></td><td></td><td></td><td></td><td></td><td></td></tr>
<tr><td></td><td></td><td></td><td></td><td></td><td></td></tr>
<tr><td></td><td></td><td></td><td></td><td></td><td></td></tr>
</table>

表 3.12.2 铜 - 康铜热电偶温度毫伏对照表 (绝对毫伏)

| ℃ | 0 | 1 | 2 | 3 | 4 | 5 | 6 | 7 | 8 | 9 |
|---|---|---|---|---|---|---|---|---|---|---|
| 0 | 0 | 0.04 | 0.08 | 0.12 | 0.16 | 0.20 | 0.25 | 0.29 | 0.33 | 0.37 |
| 10 | 0.41 | 0.45 | 0.49 | 0.53 | 0.57 | 0.62 | 0.66 | 0.70 | 0.74 | 0.78 |
| 20 | 0.82 | 0.86 | 0.90 | 0.94 | 0.99 | 1.03 | 1.07 | 1.11 | 1.15 | 1.19 |
| 30 | 1.23 | 1.27 | 1.31 | 1.35 | 1.39 | 1.44 | 1.48 | 1.52 | 1.56 | 1.60 |
| 40 | 1.64 | 1.68 | 1.72 | 1.76 | 1.80 | 1.84 | 1.88 | 1.92 | 1.96 | 2.03 |
| 50 | 2.06 | 2.10 | 2.14 | 2.18 | 2.22 | 2.26 | 2.30 | 2.34 | 2.38 | 2.42 |
| 60 | 2.48 | 2.52 | 2.56 | 2.60 | 2.65 | 2.69 | 2.83 | 2.77 | 2.81 | 2.85 |
| 70 | 2.90 | 2.94 | 2.98 | 3.03 | 3.07 | 3.11 | 3.15 | 3.20 | 3.24 | 3.28 |
| 80 | 3.30 | 3.37 | 3.41 | 3.45 | 3.50 | 3.54 | 3.58 | 3.63 | 3.67 | 3.71 |
| 90 | 3.76 | 3.80 | 3.84 | 3.89 | 3.93 | 3.97 | 4.02 | 4.06 | 4.10 | 4.14 |
| 100 | 4.19 | 4.23 | 4.28 | 4.32 | 4.36 | 4.40 | 4.45 | 4.49 | 4.53 | 4.57 |
| 110 | 4.64 | 4.69 | 4.74 | 4.78 | 4.83 | 4.83 | 4.93 | 4.97 | 5.02 | 5.07 |
| 120 | 5.12 | 5.17 | 5.22 | 5.27 | 5.31 | 5.36 | 5.41 | 5.45 | 5.50 | 5.55 |
| 130 | 5.60 | 5.65 | 5.70 | 5.74 | 5.79 | 5.84 | 5.89 | 5.93 | 5.98 | 6.03 |
| 140 | 6.08 | 6.13 | 6.18 | 6.22 | 6.27 | 6.32 | 6.37 | 6.41 | 6.46 | 6.51 |
| 150 | 6.56 | 6.61 | 6.65 | 6.70 | 6.75 | 6.80 | 6.85 | 6.90 | 6.94 | 6.99 |
| 160 | 7.04 | 7.08 | 7.14 | 7.18 | 7.28 | 7.33 | 7.38 | 7.42 | 7.47 | 7.52 |
| 170 | 7.57 | 7.61 | 7.66 | 7.71 | 7.76 | 7.81 | 7.85 | 7.90 | 7.95 | 8.00 |
| 180 | 8.04 | 8.09 | 8.14 | 8.19 | 8.23 | 8.28 | 8.33 | 8.38 | 8.43 | 8.47 |
| 190 | 8.52 | 8.57 | 8.62 | 8.66 | 8.71 | 8.78 | 8.81 | 8.86 | 8.90 | 8.95 |
| 200 | 9.00 | 9.07 | 9.10 | 9.16 | 9.21 | 9.26 | 9.31 | 9.36 | 9.42 | 9.47 |
| 210 | 9.52 | 9.57 | 9.62 | 9.68 | 9.73 | 9.78 | 9.83 | 9.89 | 9.93 | 9.99 |
| 220 | 10.04 | 10.09 | 10.14 | 10.19 | 10.25 | 10.30 | 10.35 | 10.41 | 10.46 | 10.50 |
| 230 | 10.56 | 10.61 | 10.66 | 10.72 | 10.77 | 10.82 | 10.87 | 10.93 | 10.98 | 11.03 |
| 240 | 11.09 | 11.14 | 11.20 | 11.25 | 11.30 | 11.36 | 11.41 | 11.46 | 11.51 | 11.57 |
| 250 | 11.62 | 11.67 | 11.73 | 11.78 | 11.83 | 11.89 | 11.94 | 11.99 | 12.04 | 12.10 |
| 260 | 12.15 | 12.21 | 12.27 | 12.32 | 12.37 | 12.43 | 12.47 | 12.54 | 12.58 | 12.65 |
| 270 | 12.71 | 12.77 | 12.82 | 12.88 | 12.93 | 12.99 | 13.05 | 13.10 | 13.16 | 13.21 |
| 280 | 13.27 | 13.33 | 13.38 | 13.44 | 13.49 | 13.55 | 13.61 | 13.66 | 13.72 | 13.77 |
| 290 | 13.84 | 13.88 | 13.94 | 14.00 | 14.06 | 14.12 | 14.17 | 14.23 | 14.29 | 14.34 |
| 300 | 14.40 | | | | | | | | | |

## 3.13　二维墙角温度场电热比拟实验

本实验台可用于测量在等温和对流边界条件下通过二维墙角中的温度分布，要求通过实验掌握热阻等基本概念及导热问题数值仿真部分的内容。

### 一、实验的基本原理

本仪器是建立在导热与导电现象有类似数学描述的基础上。

在热系统中，对具有均匀热扩散率 $\alpha$ 的二维导热区域描述瞬间温度 $t$ 的热传导微分方程式：

$$\frac{\partial^2 t}{\partial x^2}+\frac{\partial^2 t}{\partial y^2}=\frac{1}{a}\cdot\frac{\partial t}{\partial \tau} \tag{3.13.1}$$

在电系统中，对于单位长度电阻及单位长度电容为常数时的二维导电区域，其瞬时电势 e 的微分方程为：

$$\frac{\partial^2 e}{\partial x^2}+\frac{\partial^2 e}{\partial y^2}=R_r C_r\frac{\partial e}{\partial \tau} \tag{3.13.2}$$

当热系统和电系统中的时间 $\tau$ 的尺度相同，且 $1/(R_r\cdot C_r)=a$ 时，两微分方程式类似。在稳定过程中，式(3.13.1)、(3.13.2)均转化为 Laplace 方程：

$$\frac{\partial^2 t}{\partial x^2}+\frac{\partial^2 t}{\partial y^2}=0 \tag{3.13.3}$$

$$\frac{\partial^2 e}{\partial x^2}+\frac{\partial^2 e}{\partial y^2}=0 \tag{3.13.4}$$

由此可见，如果电、热系统的边界条件也相类似，则可用电势 e 模拟温度 $t$，通过测出电势值大小，即可换算出相应的温度值。

本装置用电阻元件构成的电阻网格，模拟是建立在差分过程类似的基础上的。

当导热系统为常数时，对均匀的网络(图 3.13.1)，二维导热的差分方程为：

$$t_{i,j+1}+t_{i+1,j}+t_{i-1,j}+t_{i,j-1}-4t_{i,j}=0 \tag{3.13.5}$$

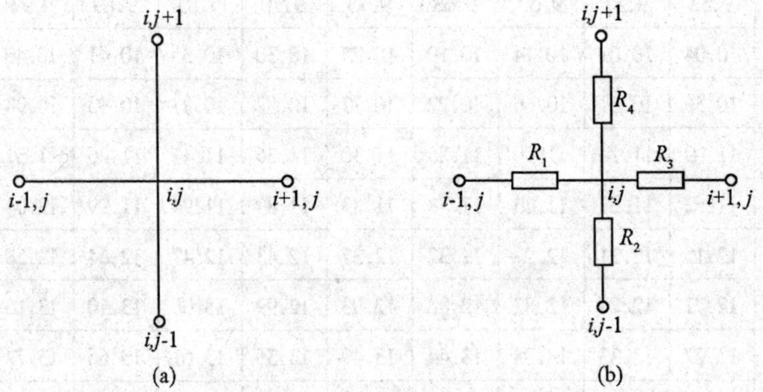


图 3.13.1　电阻网络

相应的电网络(图 3.13.1(b))节点上的电势方程为:

$$\frac{e_{i-1,j}-e_{i,j}}{R_1}+\frac{e_{i,j-1}-e_{i,j}}{R_2}+\frac{e_{i+1,j}-e_{i,j}}{R_3}+\frac{e_{i,j+1}-e_{i,j}}{R_4}=0 \qquad (3.13.6)$$

只要满足 $R_1=R_2=R_3=R_4=R$ 条件,式(3.13.5)及(3.13.6)完全类似。

用电阻网络来模拟一个具体热系统时,还必须使用电、热系统之间有类似的边界条件,即当满足了电、热系统之间的边界条件类似后,由网络节点测得的电势分布来模拟热系统的温度分布。

对等温边界条件,只要在电模拟的边界节点上维持等电势即可。

对绝热边界条件,不难证明,只要取 $R_2=R_3=2R_1$($R_1$ 为内点电阻)。

对对流边界条件,只要取 $R_2=R_3=2R_1$,且 $R_4=\lambda/(\alpha h\times R_1)$就可使边界条件类似($\lambda$ 为材料系热数,$\alpha$ 为对流换热系数,$h$ 为网络步长)。

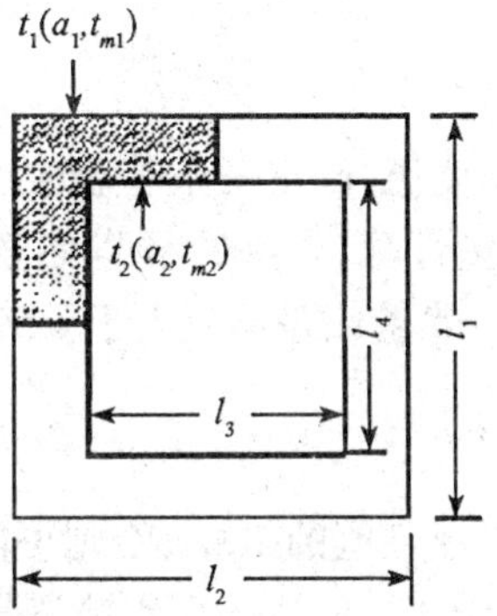


图 3.13.2　墙角

## 二、实验参数

墙角(图 3.13.2)的几何尺寸:

$L_1=2.2\text{m}, L_2=3.0\text{m}, L_3=2.0\text{m}, L_4=1.2\text{m}$。

材料的导热系数 $\lambda=0.53\text{W}/(\text{m}\cdot℃)$;墙角外壁温度 $t_1=30℃$;墙角内壁温度 $t_2=0℃$,对应的电压取 3.0V。

等温边界条件:墙角外壁面与周围流体的换热系数;墙角内壁面与周围流体的换热系数;墙角内流的温度;墙角外流体之温度对应的电压取 2V。

## 三、实验装置的使用及计算方法

1. 对于等温边界条件:

将直流稳压器电源的输出端接入试验台的输入端。

2. 对于对流边界条件:

将电压调整到 2V。

3. 当电压调整到额定值后,就可以开始试验。在试验过程中随时检查额定的电压,并调整到额定值。

4. 用万用表测量各节点的电压表值，记录后换算成对应的温度值。本试验台电压、温度比例系数如下：

对于等温边界条件，

$$C_1 = \frac{e_1 - e_2}{t_1 - t_2}$$

$$C_2 = 0.1$$

$$t_1 = t_2 + \frac{\Delta e}{C_1}$$

对于对流边界条件，

$$C_1 = \frac{e_{\infty 1} - e_{\infty 2}}{t_{\infty 1} - t_{\infty 2}}$$

$$C_2 = 0.1$$

$$t_1 = t_{\infty 2} + \frac{\Delta e}{C_2}$$

5. 根据换算后的各节点的温度值，画出三条等温曲线，光滑而又连续。

6. 通过墙角内、外壁的传热量计算，可参阅杨世铭教授主编的《传热学》（第三版）一书2.5节。通过内、外边界上的传热量偏差不应大于±5%。

## 四、注意事项

1. 本仪器所加电压不得高于规定值的10%，否则可能将电阻元件烧毁。

2. 仪器应保持清洁，避免由于灰尘的进入而影响测量的结果。

3. 仪器上的各电阻不能任意更换。

4. 测量时最好使用数字万用表，利用0~10档，且能读出0.01V的示值，以保证测量的精确度。

## 3.14　无限大空间(介质为空气)的横管自然对流实验

### 一、实验目的

1. 用实验方法确定在静止空气中的自然对流换热系数,并将实验数据整理成准则公式。

2. 了解相似理论是如何指导实验的。

3. 掌握实验数据理论化的方法。

### 二、实验原理

根据相似理论的分析,横管在静止空气中,自然对流换热具有以下的准则形式:

$$Nu = f_1(Gr, Pr) \tag{3.14.1}$$

对于空气来说,在一定温度范围内,$Pr$ 基本上等于常数。故上式可写为:

$$Nu = f_2(Gr) \tag{3.14.2}$$

通过实验和理论分析表明,此函数可表示成:

$$Nu = C(Gr)^n \tag{3.14.3}$$

该试验以空气作为传热介质,实验结果及理论分析表明 $n = 0.25$。

努氏数:

$$Nu = \frac{h \cdot d}{\lambda_f}$$

葛氏数:

$$Gr = g\beta \Delta T d^3 / \nu^2$$

换热系数:

$$h = \frac{Q}{\pi d L \Delta T}$$

加热量:

$$Q = IV$$

式中 $d$ 是管径(m);$L$ 是长度(m);$g$ 是重力加速度;$I$ 是电流;$V$ 是电压;$T_w$ 是壁温;$T_f$ 是定性温度,都可以测出。$\lambda_f$ 是空气导热系数,$\nu$ 是空气动力粘性系数,属物性参数,由定性温度及大气压力决定,故通过改变不同几何尺寸和不同加热量,即可得到不同的 $Nu$ 和 $Gr$,可用对数坐标纸求出常数 $C$ 和 $n$,亦可用最小二乘法计算出 $C$ 和 $n$,这就是通过实验整理的自然对流换热公式。

### 三、实验装置

该实验采用内部加热的单管,置于静止空气中,进行对流换热。

实验设备包括:实验本体(加热管)、热电偶、电流表、电压表、直流稳压源等。

下面分别予以介绍实验本体和测量方法。

1. 实验本体

由外径 $D = 19 \sim 87mm$,长度约为 700mm 的钢管制成,两端各有三个螺孔沿周向均布,以便固定加热器。加热器是一根瓷管,上面有电阻丝,可通过电加热。两端有堵盖,以减少热量从端头散失。

2. 测量方法

大致加温 4h,管内产生的热量等于外壁散失的热量时,即稳定传热。可用温度表计测出温度。环境温度为水银温度计所测量数值。

## 四、实验步骤

1. 按线路(图 3.14.1)将仪器接好,并检查无误。

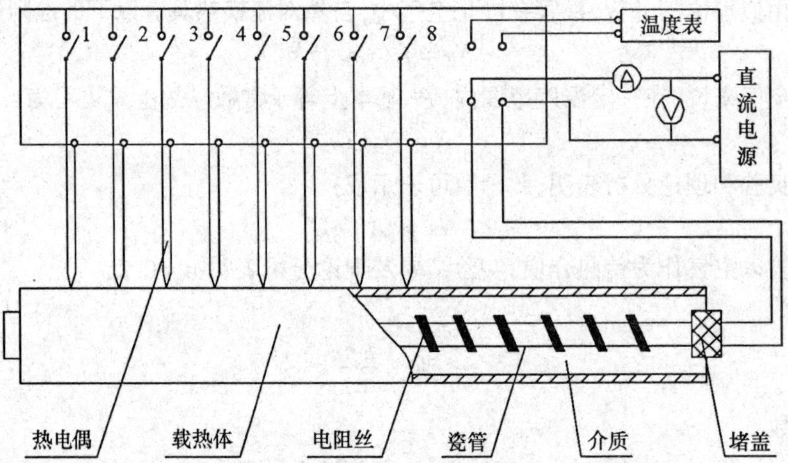


图 3.14.1　自然对流换热线路图

2. 接通电源,将稳压电源调至所需位置,即所需的电流、电压值。
3. 加热 3 ~ 4h 稳定后,即可将电流、电压值记录下,并测定表面温度。

## 五、实验数据整理

1. 热流量的计算,电阻丝所产生的热量,绝大部分以对流和导热的方式传至金属管表面、固体表面,再以自然对流的形式传给周围的空气。但是还有很少一部分,从端头散失,这主要是因为堵盖和管壁结合不紧密之故。一般略去不计,下面分别介绍具体计算。

2. 输入热量

$$Q_1 = IV \quad [W/h]$$

钢管对周围空气的辐射损失

$$Q' = \sigma\varepsilon \cdot \left[ \left( \frac{T_w}{100} \right)^4 - \left( \frac{T_f}{100} \right)^4 \right] \tag{3.14.4}$$

式中,Stefan – Boltzmann 常数 $\sigma = 5.669 \times 10^{-8} W/(m^2 \cdot K^4)$;

镀铬钢管的辐射系数(黑度)$\varepsilon = 0.1 \sim 0.15$;

$T_w$ 为管壁温度，$T_f$ 为定性温度，$T_\infty$ 为环境温度。

钢管以自然对流形式传给空气的热量为

$$Q = Q_1 - Q'$$

3. 平均换热系数

$$h = \frac{Q}{\pi dL(T_w - T_\infty)} \tag{3.14.5}$$

式中，$d$ 是圆管直径；$L$ 是圆管长度。

因为 $T_w$ 是取壁面平均温度，故上式是平均换热系数。假如计算每一点的换热系数，则应代入该点之温度。在测温结果中，中间稍高，两端稍低，这是因为端头通过堵盖散热所致。

4. 努氏数

$$Nu = \frac{h \cdot d}{\lambda_f} \tag{3.14.6}$$

式中，$\lambda_f$ 是空气导热系数，W/(m·K)。

5. 葛氏数

$$Gr = \frac{g\beta d^3(T_w - T_\infty)}{\upsilon^2} \tag{3.14.7}$$

式中，重力加速度 $g = 9.8(\mathrm{m/s^2})$；

空气的膨胀系数 $\beta = \frac{1}{T_f}(1/\mathrm{K})$；

$\upsilon$ 为空气动力粘性系数(m/s)。

6. 通过把数据画在对数坐标纸上，即可通过直线方程求出常数 $C$ 和 $n$。

表 3.14.1　横管自然对流试验记录表格

姓名________　班级________　室温________

| 序号 | 参数及单位 | 1 | 2 | 备注 |
|---|---|---|---|---|
| 1 | $I$(A) | | | |
| 2 | $V$(V) | | | |
| 3 | $d$ 管径(m) | | | |
| 4 | $L$ 管长(m) | | | |
| 5 | $\frac{1}{8}\sum_{1}^{8} T_w$ | | | |
| 6 | $T_\infty$ | | | |
| 7 | $\Delta t = t_w - t_\infty$ (°) | | | |
| 8 | $Q = IV$(W) | | | |
| 9 | $h_c = \frac{IV}{A\Delta t}$ | | | |
| 10 | $h_r = \frac{5.67\varepsilon}{\Delta T}\left[\left(\frac{T_w}{100}\right)^4 - \left(\frac{T_\infty}{100}\right)^4\right]$ | | | |
| 11 | $h = h_c - h_r$ | | | |
| 12 | $T_f = \frac{1}{2}(T_w + T_\infty)$ | | | |
| 13 | $Nu_m = \frac{h \cdot d}{\lambda}$ | | | |
| 14 | $Gr_m = \frac{g\beta\Delta t d^3}{\upsilon^2}$ | | | |

## 3.15 大空间沸腾换热实验

对沸腾换热进行实验研究，是探索沸腾换热特性的基本途径。由于沸腾换热类型的不同，沸腾换热实验基本上分为两类。一类为大空间沸腾换热实验，另一类是流动沸腾换热实验。大空间沸腾换热突出了沸腾换热的基本特性，且实验方法简便，因此常作为沸腾换热基本实验的内容。由于实验目的和要求不同，大空间沸腾换热的实验内容、装置、方法亦有差别。例如，加热表面的形状分细丝、平面、圆管及各种特殊结构表面；加热方式分电加热、蒸汽或热流体加热；沸腾压力分高于、低于或等于大气压等。本节仅介绍大气压下电加热管状元件的大空间核态沸腾换热的实验方法、设备。它对于其他情况下的沸腾换热实验亦有参考意义。

### 一、实验原理

1. 当大空间容器内的液体温度达到对应压力下的饱和温度后，随着沸腾温差的逐步增加，三种不同换热机理的沸腾状态：自由对流、核态沸腾、膜态沸腾将依次出现。工程上常用热流密度 $q$、换热系数 $\alpha$ 及其对应的沸腾温差 $\Delta t_b$ 的关系来说明各沸腾状态的不同特征。沸腾换热实验就是要测量与计算出 $q$、$\alpha$、$\Delta t_b$ 的对应值及其关系曲线。

2. 图 3.15.1 为实验原理图。

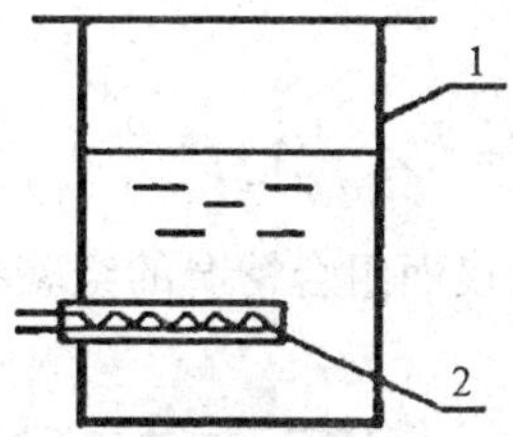


图 3.15.1 沸腾实验原理图

液体(水或其他介质)盛于大容器 1，试验元件 2 安装在容器内。实验中，用改变施于试验元件的加热功率来改变沸腾温差。测量出加热功率 $Q_1$ 及加热表面温度 $t_w$ 与液体饱和温度 $t_s$ 之差 $\Delta t_b$，即可确定各沸腾状态的 $q$、$\alpha$、$\Delta t_b$。

$Q_1$ 包括加热面的支承物向环境所散失的热量。对于电加热

$$q_1 = Q_1/F = IV/F \qquad [\mathrm{W/m^2}] \tag{3.15.1}$$

式中，$F$——加热面表面积($\mathrm{m^2}$)；$I$，$V$——加热电流与电压。

沸腾温差可通过两种途径测取。一种方法是测出壁温 $t_w$，测出或查出液体的饱和温度 $t_s$，两者相减得 $\Delta t_b$；另一种方法是用热电偶直接测出 $\Delta t_b$(即热电偶热端为 $t_w$，冷端为 $t_s$，并测出参考点温度 $t_w$ 或 $t_s$)。前一种方法可减少测点布置等带来的系统误差，后者则可减少读数、仪表及运算带来的误差。一般说来，后一种方法精确度较好。

所测得的 $q_1$ 减去散热损失后即可近似得到沸腾换热量 $q$。连同 $\Delta t_b$，按照牛顿冷却公式，有：

$$q = \alpha \Delta t_b \tag{3.15.2}$$

即

$$\alpha = q / \Delta t_b \tag{3.15.3}$$

适当地选择加热功率间隔，在稳态情况下，可测得数组 $q$ 及 $\Delta t_b$ 值。计算出相应的 $\alpha$ 值，进而可制成 $q \sim \Delta t_b$ 及 $\alpha \sim \Delta t_b$ 曲线（一般采用双对数坐标纸来绘制，如图 3.15.2 所示）。

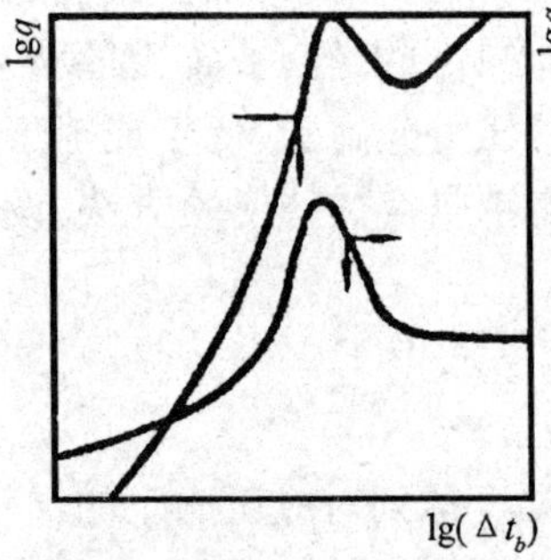


图 3.15.2 沸腾曲线

3. 对于核态沸腾换热，在目前已发表的大量的核态沸腾换热方程式中，一般可分为两种类型的表达式，其中应用较广泛的是：

(1)罗森诺(Rohsennow)公式：

$$\frac{c_l(t_w - t_s)}{\gamma} = C_{sf}\left\{\frac{q}{\mu_l \gamma}\left[\frac{\sigma}{g(\rho_l - \rho_v)}\right]^{\frac{1}{2}}\right\}^n \left(\frac{c_l \mu}{\lambda_l}\right)^m \tag{3.15.4}$$

式中，$C_{sf}, n, m$——取决于液体及表面组合情况的经验系数及指数，表 3.15.1 列出了若干情况下它们的数值；

表 3.15.1 罗森诺公式中的系数和指数

| 液体－表面匹配 | $C_{sf}$ | $m$ | $n$ |
|---|---|---|---|
| 水－镍 | 0.006 | 1.0 | 0.33 |
| 水－铜 | 0.013 | 1.0 | 0.33 |
| 水－黄铜 | 0.006 | 1.0 | 0.33 |
| $CCl_4$－铜 | 0.013 | 1.7 | 0.33 |
| 苯－铬 | 0.010 | 1.7 | 0.33 |
| $n$ 戍烷－铬 | 0.015 | 1.7 | 0.33 |

$\gamma$——汽化潜热，J/kg；

$\rho_l, \rho_v$——液体与蒸气的密度，$kg/m^3$；

$\sigma$——表面张力，N/m；

$\mu_l$——液体的动力粘度，$N \cdot s/m^2$；

$c_l$——液体比热容，J/(kg·℃)；

$\lambda_l$——液体的导热系数，W/(m·℃)；

$g$——重力加速度，$m^2/s$；

上述物性参数均以 $t_s$ 为定性温度。

(2)核态沸腾换热系数公式：

$$\alpha = Cq^n f(p) \qquad [W/(m^2 \cdot ℃)] \tag{3.15.5}$$

式中：$q$——热流能量($W/m^2$)；$p$——压力(bar)。$C$、$n$ 及 $f(p)$ 取决于许多因素。对于水，在压力为 1～40bar 的范围内，$C = 3.0$、$n = 0.7$。而函数 $f(p)$ 的形式为：

$$f(p) = p^{0.15} \tag{3.15.6}$$

当把 $q$ 改为 $\Delta t_b$ 时，式(3.15.5)还可写成：

$$\alpha = 38.7 \Delta t_b^{2.33} p^{0.5} \tag{3.15.7}$$

对于氟利昂，$n = 0.75$，$C$ 值列于表 3.15.2 中，且当 $0.02 < p/p_e < 0.06$ 时，

$$f(p) = 0.18 + 1.53\left(\frac{p}{p_e}\right) \tag{3.15.8}$$

**表 3.15.2 氟利昂的系数**

| 工质 | R－11 | R－12 | R－21 | R－22 | R－113 |
|---|---|---|---|---|---|
| $C$ | 3.51 | 4.22 | 3.95 | 4.75 | 3.08 |

当 $0.06 < p/p_e < 0.5$ 时，

$$f(p) = 0.14 + 2.2\left(\frac{p}{p_e}\right) \tag{3.15.9}$$

式(3.15.4)可作为实验结果验证、整理之参考。此外，一些文献亦提供了沸腾换热的计算公式。

## 二、实验设备

实验设备系统由本体、热源、冷凝器、测温、测压及控制装置五部分组成，如图 3.15.3 所示。

1. 本体

包括容器 1、试验元件(加热面)2 及沸腾液体。

容器由普通玻璃制成(有机玻璃或其他材料亦可，但材料应与沸腾液体不发生化学反应。对于非透明材料，则需要加设观察孔)，要保证其有一定的强度和密封性。

试验元件为水平圆管，它的安装方法要考虑尽量减少支承物的散热损失。材料应与沸腾液体不发生化学反应且不被腐蚀。当沸腾液采用氟利昂时，用铜、不锈钢等较合适。元件表面要经过精密加工，保证无可见的凹凸痕迹，并以 1000＃砂布(纸)精磨抛光，再用酒精(或丙酮)多次洗涤并晾干，以避免油污及其他杂质残留在加热表面上。

试验液体可用水或制冷剂。由于制冷剂沸点低，因而所需加热功率较小，设备较紧凑，但不宜选用沸点低于室温的制冷剂。考虑到实验的安全性，一般可选用 R－113、R－11 等制冷剂。

试验中，试验液体的液面高度应保持高于加热面 20～30mm。

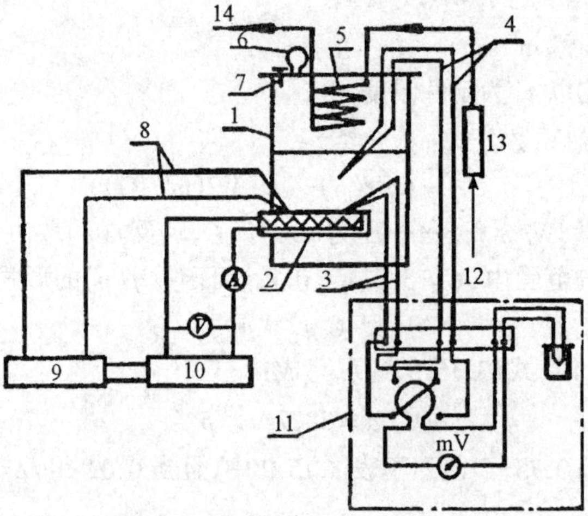


1-容器;2-试件;3-测表面温度的热电偶;4-测液体温度的热电偶;5-冷凝器;
6-测压计;7-排气阀;8-监视热电偶;9-温控器;10-调压变压器;
11-热电偶测试装置;12-冷却水进口;13-流量计;14-冷却水出口

图 3.15.3 沸腾实验设备系统示意图

2. 加热

元件用镍铬电热丝加热。电热丝的最大功率 $Ne_{max}$ 应能满足实验所需最高热流密度 $q_{max}$ 的要求,即

$$Ne_{max} = C\pi dLq_{max} \tag{3.15.10}$$

式中,$d$、$L$——分别为试验管管子直径及长度;

$C$——安全系数,取 1.5~2.0 即可。

电热丝的安装必须注意完全,应与试验管绝缘,并沿加热表面均匀分布。用交流电加热,由调压器 10 调整加热功率。功率可根据实验要求选用交流电压表、交流电流表或功率表测定。

3. 蒸汽的冷凝

为保持实验工况的稳定性和连续性,装置中安装冷凝器 5,以使液体蒸发和蒸汽凝结正常循环。冷凝器可安装于容器内(或容器外),冷却介质采用冷水。调节冷水流量控制容器的压力,使其保持在常压附近不变。

冷凝器的型式与面积依沸腾液体的性质、数量及沸腾压力而异。尽可能采用高效紧凑的型式。

有条件者,可采用流量计 13 或用称重法测出冷却水流量 $M$,并用温度计测出进出口水温 $t_1$ 和 $t_2$。在此基础上计算出冷却水所带走的热量,即可估计出凝结换热量:

$$Q_2 = Mc_p(t_2 - t_1) \tag{3.15.11}$$

式中,$c_p$ 是水的比热容,J/(kg·℃)。

利用 $Q_2$ 可以估算出容器向环境的总散热损失 $Q_3$(加热元件的支承物和整个容器壁

的散热量)：

$$Q_1 - Q_2 = Q_3 \tag{3.15.12}$$

从而可以对容器散热随沸腾工况的变化，及散热状况对沸腾换热的影响进行分析。

4. 测温、测压

随所采用的沸腾工质的不同，液体沸腾温度也有所不同。若采用氟利昂，沸腾温度在20～60℃之间(大气压下)，可用玻璃温度计或热电偶4测定。加热表面的温度相应为30～70℃，可用热电偶3测定。两者的测量精度应不低于0.5℃。

容器顶部装有测压计。若采用氟利昂等制冷剂为沸腾液，而以弹簧管压力表6测压时，要注意其导管不宜过长，并要适当保温，否则将引起较大误差。

5. 实验过程的控制

为保证安全并及时排除不凝气体，在容器顶部装排气阀7(兼作安全阀)。排气应通向室外。当容器压力高于设定值时，排气阀自动开启。

在测试临界热负荷及膜态沸腾时，为防止加热器烧毁，可在电加热系统中加装保护装置。当表面温度到达某限定值后，壁温监测热电偶8传递信号给温度控制器9，从而切断电源或降低电压。

## 三、实验方法及数据整理

1. 实验前应检查液位、安全阀及各水、气、电路是否正常，并先开启冷却水开关，使冷凝系统处于正常运行状况。接通电加热电源时，应由低电压逐渐调至拟测工况，待输入功率、压力、温度稳定后，再进行数据测取。停止试验时，应首先切断电热元件电源，关掉各仪表，停供冷却水。

2. 为保证工况稳定，可调节：

(1)冷却水的流量与温度。

(2)加热器的输入功率。

(3)排出不凝气体。不凝气体对沸腾压力影响甚大，测取数据前，一般要将排气阀重复开关数次，以尽可能排除不凝气体。

3. 进行核态沸腾实验时，要从高热流密度向低热流密度逐次测取 $q$、$\Delta t_b$。加热功率变化幅度不可过大，在核态沸腾区至少测取4～5点。

4. 临界热流密度和膜态沸腾的演示，只有在仔细调整沸腾工况时，才能实现。

应用上述实验装置进行临界热流密度和膜态沸腾实验时，应注意：

(1)在临界点附近要逐渐增加加热功率，并仔细观察加热表面的沸腾状况及压力变化。

(2)当压力降低，加热表面出现块状气区时，应首先降低加热功率，再适当减少冷却水流量，使压力回升到原值保持不变。当蒸汽区合并成一个波动的汽膜时，即进入了膜态沸腾阶段。这时，液体的搅动减弱，热流密度降低，而沸腾温差 $\Delta t_b$ 增高，换热系数 $\alpha$ 显著地降低。

5. 数据整理

(1)实验所测原始数据列表记录。

(2)根据前文所述 $q \approx q_1$,按式(3.15.2)计算 $\alpha$,由 $t_w - t_s$ 计算 $\Delta t_b$。

(3)对实验数据进行误差分析,求出 $\Delta t_b$、$q$ 及 $\alpha$ 的相对误差。

(4)按照所测和所计算的 $\Delta t_b$、$q$ 及 $\alpha$ 的数据,在双对数坐标纸上标绘 $q \sim \Delta t_b$ 及 $\alpha \sim \Delta t_b$ 曲线。选若干组数据,代入式(3.15.4)或式(3.15.5)进行验证,并计算其平均偏离度和最大偏离度。

## 四、问题讨论

1. 超过临界点后,为什么采用电加热的方法容易导致试验元件的烧毁,而采用热水或蒸汽加热则不会引起这种现象?

2. 为什么在测定核态沸腾数据时,要从高热流密度向低热流密度依次测取?如果相反,可能引起何种后果?

3. 容器向环境的散热对测量结果有何影响,应如何处理?

4. 为什么装置中不凝气体对沸腾换热的影响很大?

5. 在热流密度达到临界值时,其换热系数是否也达到最大值 $\alpha_{max}$,为什么?

6. 就本实验,分析影响液体沸腾换热系数 $\alpha$ 的因素。

7. 根据实验数据,说明自由对流沸腾到核态沸腾的转变,大约在 $\Delta t_b$ 为何值时发生?

## 3.16　蒸气沿竖壁凝结时换热系数的测定

蒸气凝结换热实验研究的目的，是探讨凝结换热的机理，寻找强化换热的方法。就一些典型凝结换热而言，实验内容可按不同的冷凝条件进行安排，如：

(1)膜状凝结或珠状凝结；

(2)层流膜状凝结或紊流膜状凝结；

(3)水蒸气或有机蒸气凝结；

(4)几何形状及位置不同的壁面上的凝结，如竖壁、竖管、水平壁、水平管、肋管、管外及管内等。

本实验通过氟利昂蒸气在竖壁上层流膜状凝结换热系数的测定，阐述凝结换热的基本实验方法。

### 一、实验原理

在稳态工况下，当干饱和蒸气在冷壁面上凝结时，若凝液平均温度为 $t_m$，则凝结换热量为：

$$Q = m\gamma + mc_p(t_s - t_m) \qquad [\mathrm{W}] \tag{3.16.1}$$

而壁面与凝结换热系数的平均值为：

$$\alpha = \frac{Q}{(t_s - t_w)F} \qquad [\mathrm{W/(m^2 \cdot ℃)}] \tag{3.16.2}$$

式中，$m$——单位时间的凝结液量，kg/s；

$c_p$——凝结液的定压比热容，J/(kg·℃)；

$\gamma$——饱和温度 $t_s$ 下的蒸气潜热，J/kg；

$t_w$——冷凝壁表面平均温度，℃；

$t_s$——蒸气饱和温度，℃；

$t_m$——凝液的平均温度，当凝结液膜温度分布为线性规律时，$t_m = (t_s + t_w)/2$；

$F$——冷凝表面积，$m^2$。

实验测得 $m$、$t_s$、$t_w$ 及蒸气压 $p$ 后，由式(3.16.2)可求得平均凝结换热系数。

努谢尔特根据连续液膜的层流运动和液膜的导热机理，从理论上导出了干饱和蒸气层流膜状凝结换热系数的计算式。对于竖壁：

$$\alpha = 0.943\left[\frac{g\rho^2\lambda^2\gamma}{\mu h(t_s - t_w)}\right]^{\frac{1}{4}} \qquad [\mathrm{W/(m^2 \cdot ℃)}] \tag{3.16.3}$$

式中，$\rho$——凝液密度，$kg/m^3$；

$\lambda$——凝液导热系数，W/(m·℃)；

$g$——重力加速度，$m/s^2$；

$\mu$——凝液动力粘度，kg/(m·s)；

$h$——竖壁高度，m。

以上物性 $\rho$、$\lambda$ 及 $\mu$ 以 $t_m$ 作为定性温度，$\gamma$ 按 $t_s$ 确定。

后来，实验研究发现，上述理论值与实验测定值相比偏低，这主要是由于努谢尔特的理论公式是基于若干假定条件而导出的，例如忽略液膜下滑运动时的惯性力作用、对流换热作用等。理论与实验的差值将与壁面高度、冷凝温度差 $\Delta t$ 等条件有关。

还应注意，式(3.16.3)是纯蒸气在竖壁上的平均换热系数，如果蒸气中含有不凝性气体(例如空气)，即使是微量的，换热系数也将大大降低。此外，蒸气速度、表面粗糙度、蒸气含油雾等等，都是影响凝结换热的因素。实验应注意消除它们的干扰。

## 二、实验设备

实验装置及系统如图 3.16.1(a)所示。本体 1 为密封良好的厚壁有机玻璃方筒，每边宽约 30~40cm，高约 50cm，底部安设电加热蒸发器 5。蒸气穿过液滴分离网 10，再经带孔的隔板 9 进入冷凝空间(此外隔板还可消除器壁对冷凝表面的辐射影响)，在铜质冷凝试件 2 的表面上凝结。凝结液由量筒 3 收集计量。经计量后，打开电磁阀 4，凝液自动流入下部的蒸发器。容器左上侧装有微型风扇 11，其作用是让容器中的蒸气有微弱的循环，使蒸气内含有的不凝性气体不至于聚集在试件周围。冷凝试件如图 3.16.1(b)所示，表面尺寸约 50mm×50mm，表面抛光，并在试件距表面 2mm 及 6mm 处自上而下均匀埋设 4~5 对热电偶。为加强对试件的冷却，冷却水一侧增加了肋片。冷却水由高位水箱供给，以保持水压稳定。聚四氟乙烯块 15 紧密包裹住试件 2，以便隔热。

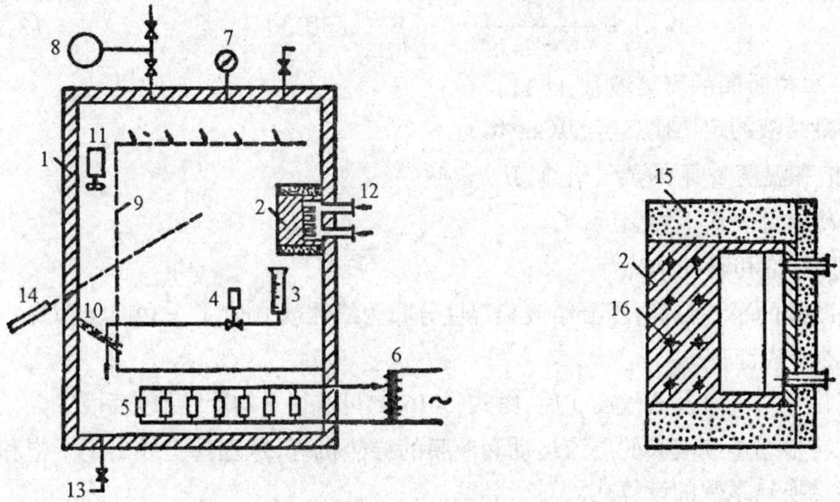


(a) (b)

1-有机玻璃容器；2-铜试件；3-量筒；4-电磁阀；5-电加热蒸发器；6-调压变压器；
7-压力表；8-真空表；9-内隔板；10-铜丝网；11-微型风扇；12-冷却水进出口；
13-液体进料口；14-激光器；15-聚四氟乙烯块；16-热电偶

图 3.16.1 凝结换热实验装置

电加热器 5 由调压变压器调节功率。加热器的面积应尽可能大一些，这样可使加热器表面维持尽可能低的热流通量，以降低沸腾温差，减轻沸腾时蒸气的带液作用。

为监视蒸气是否为干饱和蒸气，在容器外设激光器 14，在激光照射下液滴呈现粒子状（类似太阳光柱中的灰尘）。为使蒸气为干饱和蒸气，在激光照射下，只允许有极少量的液滴，否则热量计算误差较大。

本实验可采用氟利昂 R－113 或氟利昂 R－11（在标准大气压下，氟利昂 R－113 的沸点为 47.6℃，氟利昂 R－11 为 23.8℃）。采用这类工质，实验装置的温度水平大大降低，与环境的温差小，实验工况易于稳定。若采用水蒸气，则本装置须在负压下进行实验。

真空泵用于抽除装置内的空气，并充填氟利昂工质。

铜试件 2 内埋设热电偶的目的：

(1)按导热作用推算表面温度。

(2)监测铜块向四周散热损失的大小。当热损很小时，由离表面不同距离处热电偶测得的温度差按导热算出的热量，应与凝结换热量相符合。

(3)可测出表面温度自上而下的分布。

### 三、实验方法及数据整理

1. 用游标卡尺精确测定冷凝表面的尺寸。要求表面光洁、无垢、无锈蚀。

2. 准确标定盛放凝结液的量筒。

3. 调节加热器负荷，保持容器的压力恒定，并随时用激光观察容器内的蒸气带液情况。

4. 试件 2 内各热电偶的温度稳定后，才可测取数据。

5. 调节冷却水量或加热器功率，得不同壁温 $t_w$ 下的实验结果。

6. 分别算出埋设在试件内不同深度 $\delta_1$ 和 $\delta_2$ 处的两排热电偶的温度平均值 $t_1$ 和 $t_2$，按位置距离的比例标绘在如图 3.16.2 所示的坐标图上，由 $t_1$ 与 $t_2$ 连线的延伸线找到表面温度 $t_w$。

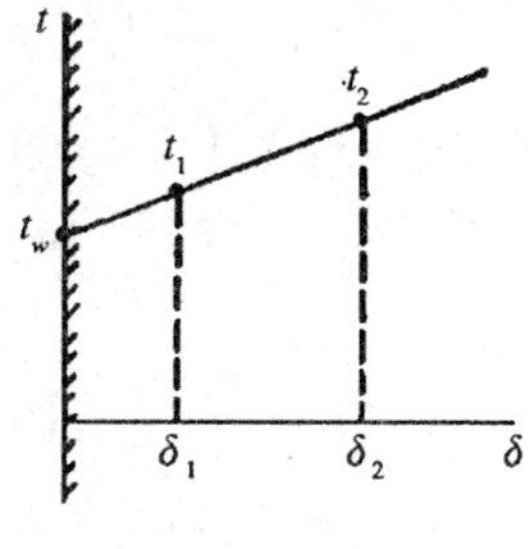


图 3.16.2　表面温度 $t_w$ 的确定方法

若已知试件材料的导热系数 $\lambda$，则可由 $t_1$ 和 $t_2$ 算出冷凝换热量：

$$Q = \frac{\lambda}{\delta_2 - \delta_1}(t_2 - t_1)F \qquad [\mathrm{W}] \tag{3.16.4}$$

由上式得到的 $Q$ 值与式(3.16.1)的计算值的偏差，应在容许范围内。以此可检验实验是否有重大误差。

7. 将根据实测数据由式(3.16.2)算出的换热系数 $\alpha$，与由式(3.16.3)计算得到的理论值进行比较。本实验装置中，由于试件高度 $h$ 很小，实验值应接近理论值。

8. 由蒸气压力 $p$ 查蒸气表得到的饱和温度，应与实验测出的蒸气温度一致。如果蒸气中含有不凝性气体，则测出的蒸气温度将低于与蒸气压力相应的饱和温度。根据实测压力和温度，用道尔顿定律可以计算出蒸气中不凝性气体的含量，从而可进一步分析不凝性气体对凝结换热的影响。此法在不凝性气体含量较低时很不准确，准确的办法是采用气相色谱仪测定不凝性气体含量，但仪器及操作均较复杂。

## 四、问题讨论

1. 若蒸气是湿蒸气，对实验会产生什么后果？

2. 为什么试件的冷却水侧要加肋片？

3. 实验用工质如分别采用水和氟利昂，在相同的壁温和 $t_s$ 下，换热系数将有何不同？

4. 当工质选定后，若不凝性气体是空气，怎样由实测压力和温度计算不凝性气体的含量？

# 第四章　燃烧学实验

燃烧学实验，能使学生对燃烧规律产生一定的感性认识，巩固并加深对理论知识的理解；进一步熟悉热工实验中各物理量的测量方法，熟悉热工检测仪表的工作原理、用途及调节方法；培养学生的科学态度和对实验结果的分析、综合，书写实验报告的能力。

## 4.1　静压法气体燃料火焰传播速度测定

### 一、实验目的

火焰传播速度（即燃烧速度）是气体燃料燃烧的重要特性之一，它不仅对火焰的稳定性和燃气互换性有很大的影响，而且对燃烧方法的选择、燃烧器设计和燃气的安全使用也有实际意义。

通过本次试验，要求学生熟悉静压法（管子法）测定火焰传播速度（单位时间内在单位火焰面积上所燃烧的可燃混合物的体积）的方法。了解火焰传播速度 $u_0$、火焰行进速度 $u_p$ 和来流（供气）速度 $u_s$ 相互之间的关系。

### 二、实验原理

在一定的气流量、浓度、温度、压力和管壁散热情况下，当点燃一部分燃气－空气混合物时，在着火处形成一层极薄的燃烧火焰面。这层高温燃烧火焰面加热相邻的燃气－空气混合物，使其温度升高，当达到着火温度时，就开始着火形成新的焰面。这样，焰面就不断向未燃气体方向移动，使每层气体都相继经历加热、着火和燃烧过程，即燃烧火焰峰面与新的可燃混合气及燃烧产物之间进行着热量交换和质量交换。层流火焰传播速度的大小由可燃混合物的物理化学特性所决定，所以它是一个物理化学常数。

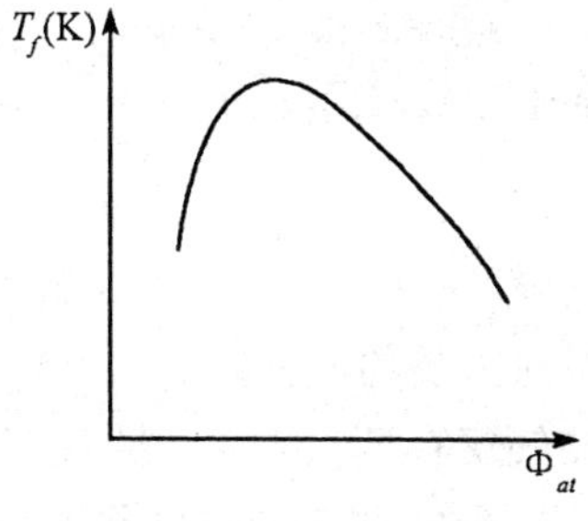


图 4.1.1　$\Phi_{at}$ 对 $T_f$ 的影响

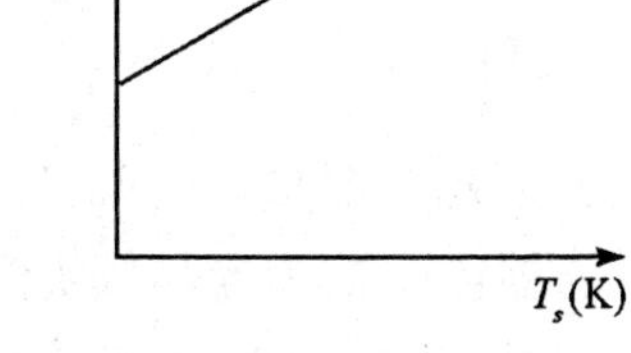


图 4.1.2　$T_s$ 对 $T_f$ 的影响

过量空气系数(即空气消耗系数)$\Phi_{at}$对火焰燃烧温度 $T_f$ 的影响如图 4.1.1 所示,预热空气温度 $T_s$ 对火焰燃烧温度 $T_f$ 影响如图 4.1.2 所示,过量空气系数 $\Phi_{at}$对火焰传播速度 $u_0$ 影响如图 4.1.3 所示(以 $C_3H_8$ 为例)。

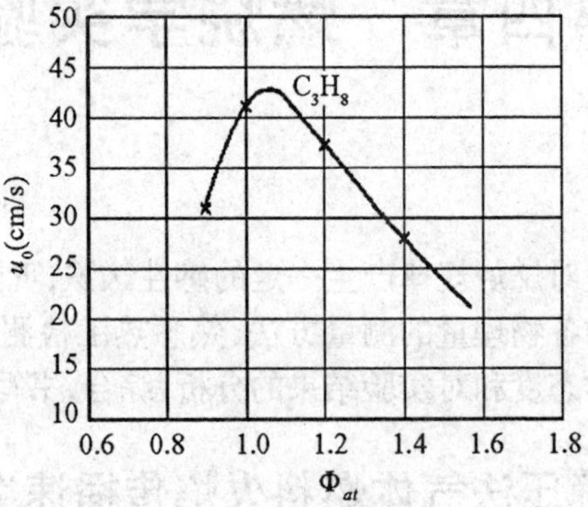


图 4.1.3 $\Phi_{at}$对 $u_0$ 的影响

## 三、试验设备及原理图

试验设备及原理图如图 4.1.4 所示。

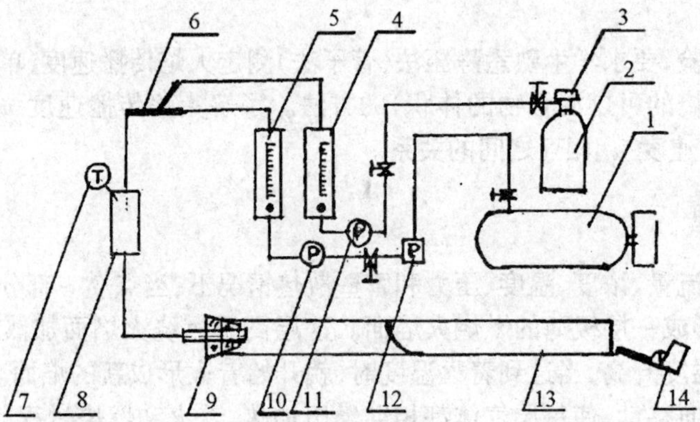


1-空压机;2-LPG 罐;3-燃气阀;4-燃气流量计;5-空气流量计;
6-引射管;7-温度计;8-稳压筒;9-可燃气进口端;10-空气压力表;
11-燃气压力表;12-空气旁通稳压阀;13-石英玻璃管;14-点火枪

图 4.1.4 静压法测定气体燃料火焰传播速度试验台示意图

## 四、试验步骤

1. 开启排风扇,保持室内通风,防止燃气泄漏造成对人员的危害。

2. 起动压缩空气泵,直至压气机停止工作,保证储气罐有足够的空气量。

3. 打开空气(进气)总阀,按要求设定预混空气定值器压力(定值器已预先调整好,勿需学生调整)。

4. 开启液化石油气开关阀，使燃气管充满石油气，然后打开燃气（进气）总阀。

5. 稍开预混空气调节阀及燃气调节阀，使石英玻璃管内充满一定浓度的燃气－空气可燃混合物（参考参数：燃气流量 4.2L/h；空气流量 280～300L/h）。

6. 用点火枪在石英玻璃管出口端点燃可燃混合气（注意点火枪不能直接对着玻璃管中心，防止流动的可燃混合气吹熄点火花）；如点火不成功，则重新调整燃气和空气的流量，保证可燃混合物处在着火浓度极限范围内，直至点火成功。

7. 观察石英玻璃管口的火焰形态。

8. 交替调节预混空气调节阀和燃气调节阀，使火焰呈预混合火焰的特征。

9. 微调空气阀和燃气阀，使可燃混合气流量微量减小，致使石英玻璃管口火焰峰面朝着可燃混合气一侧缓慢移动。当火焰峰面基本置于石英玻璃管中间段位置时，微量调节空气流量阀门，使可燃混合气流量微量增大。当燃烧速度等于可燃气的来流（供气）速度时，火焰行进速度等于零，此时，火焰峰面在空间驻定静止不动。

如果供气速度调节过大，会造成火焰脱火；反之，会造成回火而吹熄；此时重复 5～9 过程，直至燃烧火焰峰面在石英玻璃管中间段驻定而不移动。

（火焰峰面驻定时的参考参数：燃气压力 0.30kPa，流量 4.2L/h；空气压力 0.75kPa，流量 270L/h）

10. 观察管内的火焰特征，用数码相机或摄像机拍摄管内的火焰形状。

11. 记录试验台号、当地大气压、燃气、空气流量及压力。

12. 关闭燃气和空气阀门，整理试验现场。

## 五、实验报告及问题讨论

1. 根据理想气体状态方程式（等温），将燃气和空气测量流量换算成（当地大气压下）石英玻璃管内的流量值，然后计算出混合气的总流量，求出可燃混合气在管内的流速 $u_s$（石英玻璃管内径 12.7mm）。由于火焰峰面驻定时，$u_p = 0$，可以近似认为火焰传播速度 $u_0$ 等于来流速度 $u_s$。

2. 静压法（管子法）观察到的火焰有哪些特征？为什么？

3. 过量空气系数（即空气消耗系数）和预热空气对火焰的燃烧速度、火焰传播速度有何影响？

4. 倘若石英玻璃管无限长且管内充满了可燃混合气，一端闭口，一端开口；在开口端点火，产生行进火焰，请叙述将会出现怎么样的燃烧现象？

## 4.2 气体燃料的射流燃烧、火焰长度及火焰温度的测定

### 一、实验目的

1. 比较射流扩散燃烧与预混合燃烧的异同。
2. 测定射流火焰的温度分布。
3. 观察贝克 - 舒曼(Burk - Schumann)火焰现象。
4. 测定层流扩散火焰长度与雷诺数 *Re* 的关系曲线。

### 二、实验原理

气体燃料的射流燃烧是一种常见的燃烧方式,燃料和氧化剂都是气相的扩散火焰。与预混火焰不同的是:射流扩散火焰燃料和氧化剂不预先混合,而是边混合边燃烧(扩散),因而燃烧速度取决于燃料和氧化剂的混合速度,它是扩散控制的燃烧现象。

射流扩散火焰可以由本生灯试验系统关闭一次空气而得到,一般说扩散火焰颜色发黄,比预混火焰更明亮、更长。它没有管内回火,燃料较富余时易产生炭烟。

纵向受限同轴射流扩散火焰是研究和应用较多的一种火焰。将一根细管放在一粗管(玻璃管)内部,使两管同心,燃料和氧化剂分别从两管通过。在管口点燃,调整燃料和氧化剂流量可以得到贝克 - 舒曼火焰。

当燃料低速从喷嘴口流出,在管口点燃,可以得到层流扩散火焰。层流扩散火焰长度 $h$ 与燃气容积流量 $q_v$ 成正比。本试验装置可以验证这一关系(实验中用自制的简易测高仪或直尺测量火焰高度)。

火焰的温度分布是火焰研究的重要内容。本实验中用铂 - 铑铂热电偶测定射流火焰的温度分布,并以数字温度表显示。

### 三、实验设备

1. 小型空气压缩机、稳压筒,射流扩散火焰试验系统;
2. 自制简易测高仪、坐标架,直尺;
3. 热电偶,数字温度表;
4. Ⅰ号及Ⅱ号短喷管,Ⅱ号及Ⅲ号石英玻璃套管。

### 四、实验步骤

1. 开启排风扇,保持室内通风,防止燃气泄漏造成对人员的危害。
2. 接通数字温度表进行预热,预热时间约 0.5h。
3. 启动压缩空气泵,直至压气机停止工作,保证储气罐有足够的空气量。
4. 按试验原理系统图(图 4.2.1)检查并连接好各管路,安装好Ⅱ号短喷管(喷口内径 7.32mm)。
5. 打开空气(进气)总阀,按要求设定射流空气定值器压力(定值器已预先调整好,勿

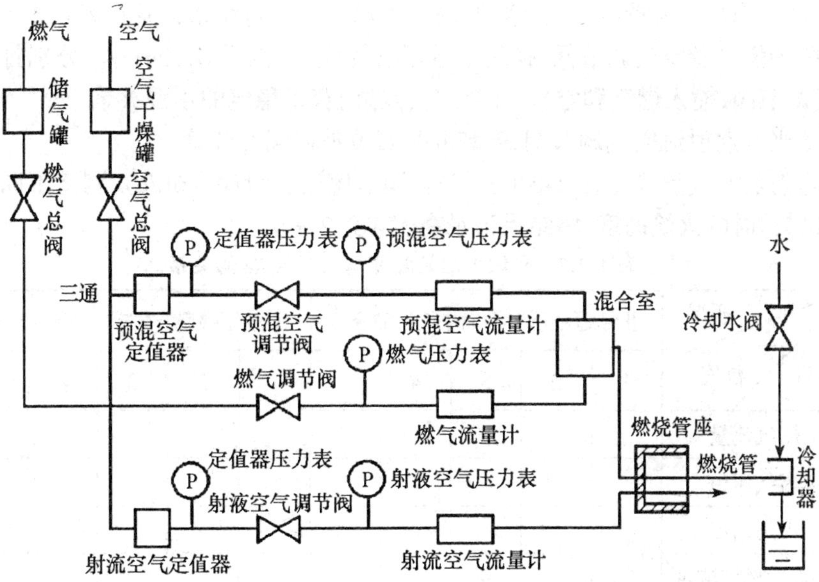


图 4.2.1　气体燃烧实验系统

需学生调整)。开启液化石油气开关阀,使燃气管充满石油气,然后打开燃气(进气)总阀。

6. 分别打开预混空气及燃气调节阀,输入燃气和空气(预混空气量 250L/h 左右,燃气流量 4L/h 左右),在喷口处点燃,获得稳定的预混火焰。

7. 适当开启射流空气调节阀,安装Ⅲ号石英玻璃同心套管,逐渐关闭预混空气调节阀,实现从预混燃烧到扩散燃烧的转变。减小燃气流量( $<2$L/h),调节射流空气量,形成不冒黑烟的稳定火焰。

8. 调整装有热电偶的坐标架,使热电偶顺利穿过玻璃套管侧面的测温孔,并使热电偶球头接近火焰。调节微分测头,从火焰表面开始,使热电偶球头每隔 0.5mm 测量一个火焰温度。将测量结果记录到表 4.2.1 中。

表 4.2.1　火焰温度分布测定记录

实验台号:________　　喷嘴直径:　7.32mm　　温度单位:　℃

| 项目 \ 温度 \ 测点 mm | | 0 | 1 | 2 | 3 | 4 | 5 | 6 | 7 | 8 | 9 | 10 | 11 | 12 |
|---|---|---|---|---|---|---|---|---|---|---|---|---|---|---|
| Ⅱ号短喷管 | 1 | | | | | | | | | | | | | |
| | 2 | | | | | | | | | | | | | |
| | 平均 | | | | | | | | | | | | | |

9. 换装Ⅱ号石英玻璃同心套管,将燃气流量稳定在 10L/h 左右,调节射流空气量,观察并比较通风不足和通风过量的火焰现象。通风过量:火焰明亮、成锥形、长度短;通风不足:火焰暗红、变长、冒烟,最后成碗形。

10. 将射流空气量稳定在 2500L/h 左右,调节燃气流量(4 ~ 7L/h),用自制简易测高仪或直尺测量不同燃气流量(不同雷诺数)时的火焰高度。将结果记录在表 4.2.2 中。

11. 关闭燃气及空气调节阀,换装Ⅰ号短喷管(喷口内径 5.10mm)。分别打开预混空气及燃气调节阀,输入燃气和空气,在喷口处点燃,获得稳定的预混火焰。

12. 适当开启射流空气调节阀,安装Ⅱ号石英玻璃同心套管。

13. 将射流空气量稳定在 2400L/h 左右,调节燃气流量(4 ~ 6L/h),测量不同燃气流量(不同雷诺数)时的火焰高度,将结果记录在表 4.2.2 中。

表 4.2.2　扩散火焰长度 $h$ 与雷诺数 $Re$ 的关系

| 工况 / 项目 / 数值 | Ⅱ号短喷嘴(喷口内径 7.32mm) | | | | | Ⅰ号短喷嘴(喷口内径 5.10mm) | | | | |
|---|---|---|---|---|---|---|---|---|---|---|
| | 1 | 2 | 3 | 4 | 5 | 1 | 2 | 3 | 4 | 5 |
| 燃气流量 | | | | | | | | | | |
| 燃气压力 | | | | | | | | | | |
| 火焰高度 | | | | | | | | | | |
| 换算后燃气流量 | | | | | | | | | | |

14. 关闭燃气和空气阀门,整理试验现场。

## 五、数据处理

1. 根据表 4.2.1 中从数字式温度计读得的温度值,作出火焰断面温度分布曲线。

2. 根据理想气体状态方程式(等温),将燃气测量流量换算成喷管出口压力(当地大气压)下的流量值,求出喷管出口燃气速度 $u_s$。填入表 4.2.2 中。

3. 作出 $h - q_v$(火焰高度与燃气的体积流量)曲线。

## 六、问题讨论

1. 射流扩散火焰与预混火焰有哪些主要区别?
2. 当燃料的输入量大时,火焰会大量冒烟,试做分析。
3. 用热电偶测量火焰温度有何利弊?

## 七、注意事项

1. 实验台上的玻璃管需轻拿轻放,用完后横放在实验台的里侧,以防坠落。
2. 燃烧火焰的温度很高,切勿用手或身体接触火焰及有关器件。
3. 燃烧完后的喷嘴口、水平石英管的温度仍很高,让其自然冷却。切勿碰触,以防烫伤。
4. 在更换燃烧管时,手应握在下端,尽量远离喷嘴口。

当地大气压力:____________

表 4.2.3　试验用仪器仪表型号规格

| 名　称 | 型号规格 | 生产厂家 |
| --- | --- | --- |
| 浮子式流量计(燃气) | LZB-4F | 常州热工仪表总厂 |
| 浮子式流量计(空气) | LZJ-10 | 常州热工仪表总厂 |
| 空气稳压定值器 | QGD-101 | 广东肇庆恒星仪表气动元件厂 |
| 空气压力表 | 膜合压力表(2.5级) | 上海仪川仪表厂 |
| 空气压缩机 | NCSE-150 | 上海龙海力霸通用机械有限公司 |
| 点火枪 | 红日牌 | 上海浦东强盛日用电器厂 |
| 数字式温度计 | XMT-1100 | 上海大华仪表厂 |
| 石英玻璃管 | 内径 12.7mm | 上海泰恒科学仪器有限公司 |
| 液化石油气罐 | ISP-15 | 上海国泰液化气设备服务公司 |
| 简易测高仪 | / | 自制 |
| 数码摄像机 | DCR-TRV40E | SONY |

表 4.2.4　燃气的物理化学性质

| 燃料 | 主要成分 | 相对分子质量 | 液态密度(kg/L) | 沸点(℃) | 理论空气量 | |
| --- | --- | --- | --- | --- | --- | --- |
| | | | | | kg/kg | kmol/kg |
| 液化石油气(LPG) | $C_3H_8$ | 44 | 0.54 | -42.1 | 15.8 | 0.541 |
| 自燃温度(℃) | 闪点(℃) | 燃料低热值(MJ/kg) | 汽化潜热(kJ/kg) | 混合气热值(kJ/m³) | 辛烷值 | |
| | | | | | RON | MON |
| 504 | -73.3 | 46.39 | 426 | 3490 | 96-111 | 89-96 |

# 第五章　测量数据处理

人类是通过测量来认识客观世界的。物理实验离不开对物理量的测量。由于测量条件的非理想化,测量总存在误差。误差是测量中的不可靠量值,导致测量结果的不可靠量值称为不确定度。这就是测量、误差和不确定度三者之间的因果关系。测量误差越小,结果的不确定度就越小,测量精度就越高,人们对客观世界的认识也就越准确。

## 5.1　测量

### 一、测量的定义

测量就是用实验手段对客观事物获取定量信息的过程。通俗地讲,就是借助仪器、用某一计量单位把待测量的大小表示出来,确定待测量是该计量单位的多少倍。被测量的测量结果用标准量的倍数、标准量的单位来表示。因此,测量的必要条件是被测物理量、标准量及操作者。测量结果应是一组数据和单位,必要时还要给出测量所用的量具或仪器、测量方法及条件等。

### 二、测量的类型

1. 按测量方式分类

按测量方式可分为直接测量和间接测量。

(1)直接测量

用测量仪器能直接测出被测量量值的测量过程称为直接测量。相应的被测量称为直接测量量。例如,用热电偶测物体的温度,用压力传感器测压力,用秒表测时间等,这些均是直接测量。相应的温度、压力、时间等均称为直接测量量。直接测量按测量次数分为单次测量和多次测量。

单次测量:只测量一次的测量称为单次测量。单次测量主要用于测量精度要求不高、测量比较困难或测量过程带来的误差远远小于仪器误差的测量。

多次测量:测量次数超过一次的测量称为多次测量。多次测量按测量条件主要分为等精度测量和非等精度测量。

(2)间接测量

对于某些物理量的测量,由于没有合适的测量仪器,不便或不能进行直接测量,只能先测出与待测量有一定函数关系的直接测量量，再将直接测量的结果代入函数式进行计算，从而得到待测物理量的测量值，这个过程称为间接测量。相应的被测量称为间接测量量。

2. 按测量条件分类

按测量条件可分为等精度测量和非等精度测量。

(1)等精度测量

为了减小误差，往往对同一固定被测量进行多次重复测量，如果每次测量的条件不变(即同一观察者、同一套仪器、同一种实验原理和方法、同样的测量环境等)，这种重复测量称为等精度测量。由于各次测量的条件相同，那么就没有任何根据可以判断某次测量一定比另一次测量更准确。因此，每次测量的可靠程度只能认为是相同的，即认为是等精度测量。

(2)非等精度测量

多次重复测量时，只要有一个测量条件发生了变化，如更换了测量所用的量具或仪器，或改变了测量方法等，这种重复测量就称为非等精度测量。对这种测量要引入测量“权”的概念。“权”是用来衡量各单次或局部测量结果可靠性的物理量。测量的权越大，说明该次测量结果的可靠性越大，它在最后测量结果中所占的比重也就越大。这类测量主要用于高精度的测量。

在实际测量中，常用的测量主要是单次测量、等精度测量和间接测量。当测量精度要求不高时用单次测量，测量精度要求较高时用等精度测量，在无法使用直接测量时才用间接测量。

### 三、测量的方法

测量的方法很多，常用的有直读测量法、比较测量法、替代测量法、放大测量法、平衡测量法、模拟测量法、几何光学测量法、干涉测量法和衍射测量法等。

## 5.2　误　差

### 一、真值与测量

任何一个测量量在一定条件下都是客观存在的，当能被完全地确定并能排除所有测量上的缺陷时，通过测量所得的量值称为该量的真值。但是，一个物理量的完全确定极其困难，人们也不能完全排除测量中的所有缺陷。因而，真值是一个比较抽象和理想的概念，一般来说是不可能知道的。物理实验课中被测物理量的真值常采用公认值、理论值或较高准确度仪器的测量值或多次测量的平均值近似地代替，这些值叫做“约定真值”。

通过各种实验所得到的量值称为测量值。包括：

(1)单次测量值

若只能进行一次测量(如变化过程中的测量)，或没有必要进行多次测量；对测量结果的准确度要求不高，或有足够的把握；仪器的准确度不高，或多次测量结果相同，这时就用单次测得值近似地表示被测量的真值。

(2)算术平均值

对多次等精度重复测量,用所有测量值的算术平均值来替代真值。由数理统计理论可以证明,算术平均值是被测量真值的最佳估计值。

(3)加权平均值

当每个测量值的可信程度或测量准确度不等时,为了区分每个测量值的可靠性(即重要程度),对每个测量值都给一个“权”数。最后的测量结果用带上“权”数的测量值求出的平均值表示,即为加权平均值。

## 二、误差的定义

每个测量值都有一定的近似性,它们与真值之间总会存在或多或少的差异,这种差异在数值上的表示称为测量误差,简称误差。误差自始至终存在于一切科学实验和测量过程之中,测量结果都存在误差,这就是误差公理。误差按表达方式分为绝对误差和相对误差。

### 1. 绝对误差

绝对误差表示测量值偏离真值的程度,用 $\delta x$ 表示,即

$$\delta x = x - x_0 \tag{5.2.1}$$

式中,$\delta x$ 表示绝对误差;$x$ 表示测量值;$x_0$ 表示真值。

绝对误差不是误差的绝对值。绝对误差可正可负,具有与被测量相同的量纲和单位。由于真值一般是得不到的,因此绝对误差也无法计算。实际测量中是用多次测量的算术平均值来代替真值,测量值与算术平均值之差称为偏差,又称残差,亦用 $\delta x$ 表示,即

$$\delta x = x - \bar{x} \tag{5.2.2}$$

### 2. 相对误差

相对误差是绝对误差与被测量真值之比。由于真值不能确定,实际上常用约定真值来代替。相对误差是一个无单位的量,常用百分数表示,也称为百分误差,即

$$E = \left| \frac{\delta x}{x_0} \right| \times 100\% \tag{5.2.3}$$

## 三、误差的类型及处理方法

测量中的误差按其产生的条件可归纳为系统误差、随机误差和粗大误差三类。

### 1. 系统误差

在相同条件下(指方法、仪器、环境、人员等不变)多次重复测量同一量时,误差的大小和符号(正、负)均保持不变或按某一确定的规律变化,这类误差称为系统误差,它的特征是确定性。系统误差分为可定系统误差和未定系统误差。

(1)可定系统误差

在测量中大小、正负可确定的误差。测量中应消除掉该误差。例如,米尺零刻线被磨损或弯曲,若不注意,会产生零点不为零的可定系统误差。因此,测量时应该避开零刻度

线，用中间的某整刻度线作为测量的起始点，再读出被测量的终止点，两点相减就避开了零点不准的可定系统误差。

(2)未定系统误差

测量中只能确定大小，不能确定正负的误差(如仪器不确定度产生的测量误差)。一般将其合成到测量结果的不确定度中。

1)系统误差的主要来源

①由仪器自身原因产生的系统误差。即仪器本身缺陷、校正不完善或没有按规定条件使用而产生的误差。例如，仪器刻度不准、刻度盘和指针安装偏心、米尺弯曲、天平两臂不等长等。

②由测量公式产生的系统误差。由于测量公式本身的近似性或没有满足理论公式所规定的实际条件而产生的误差。

③由测量环境产生的系统误差。在测量过程中，因周围温度、湿度、气压、振动、电磁场等环境条件发生有规律的变化而引起的误差。例如，在25℃时标定的标准电阻在30℃环境下使用等。

④由操作人员产生的系统误差。由于操作者的不良习惯或生理、心理等因素造成的误差。例如，用米尺测长度，读数为斜视读出；用秒表计时间，掐表速度较慢或较快等。

2)发现系统误差的主要方法

①理论分析法：从原理和测量公式上找原因，看是否满足测量条件。例如，用伏安法测量电阻时，实际中电压表内阻不可能无穷大，电流表内阻也不等于零，会产生系统误差。

②实验对比法：可改变测量方法和条件，比较差异，从而发现系统误差。例如，调换测量仪器或操作人员，进行对比，观察测量结果是否相同而进行判断确认。

③数据分析法：分析数据的规律性，以便发现误差。例如残差法，对一组等精度测量数据，通过计算偏差，观察其大小和比较正、负号的数目，从而寻找系统误差。

3)可定系统误差的消除和减小方法

常用的消除和减小可定系统误差的一般方法：

①交换法；②替代法；③零示法；异号法。

### 2. 随机误差

测量时，即使消除了系统误差，在相同条件下多次重复测量同一量时，各次测得值仍会有些差异，且其误差的大小和符号没有确定的变化规律。但如果大量增加测量次数，其总体(多次测量得到的所有测量值)会服从一定的统计规律，这类误差称为随机误差。它的特征是偶然性。

随机误差也是测量过程中不可避免的，它来自许多难以控制的不确定的随机因素。这些随机因素有空气的流动、温度的起伏、电压的波动、不规则的微小振动、杂散电磁场的干扰以及实验者感觉器官的分辨能力、灵敏程度和仪器的稳定性等。增加测量次数可减小其影响。

假设系统误差已经消除，且被测量本身又是稳定的，在相同条件下，对同一物理量进行大量次数的重复测量，可以发现随机误差服从统计规律即高斯分布，又称正态分布。其分布曲线如图5.2.1所示，满足的高斯方程为

$$f(\delta x)=\frac{1}{\sqrt{2\pi}}e^{-\frac{1}{2}\left(\frac{\delta x}{\sigma}\right)^2} \tag{5.2.4}$$

(1)正态分布的特性

高斯方程中 $\sigma$ 称为标准差,是随机误差 $\delta x$ 的分布函数 $f(\delta x)$ 的特征量。其表达式为:

$$\sigma=\lim_{n\to\infty}\sqrt{\frac{1}{n}\sum_{i=1}^{n}(x_i-x_0)^2} \tag{5.2.5}$$

若 $\sigma$ 确定,$f(\delta x)$ 就惟一确定;反之,$f(\delta x)$ 确定,$\sigma$ 的大小也就惟一确定了。$\sigma$ 越小,测量精度越高,曲线越陡,峰值越高,随机误差越集中,测量重复性越好;$\sigma$ 越大,则反之。$\sigma$ 对 $f(\delta x)$ 的影响示意图如图 5.2.2 所示。

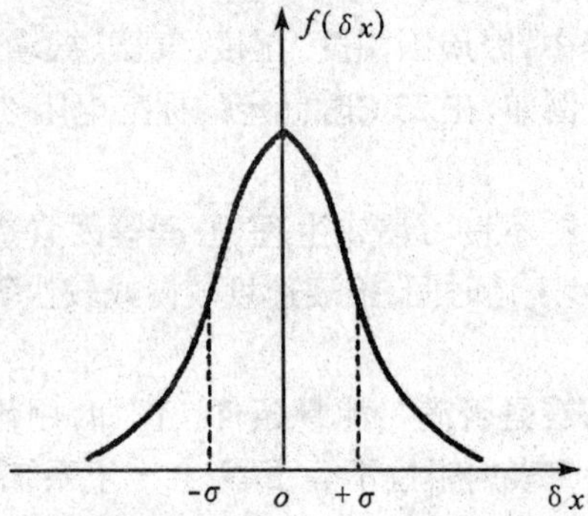


图 5.2.1　正态分布曲线

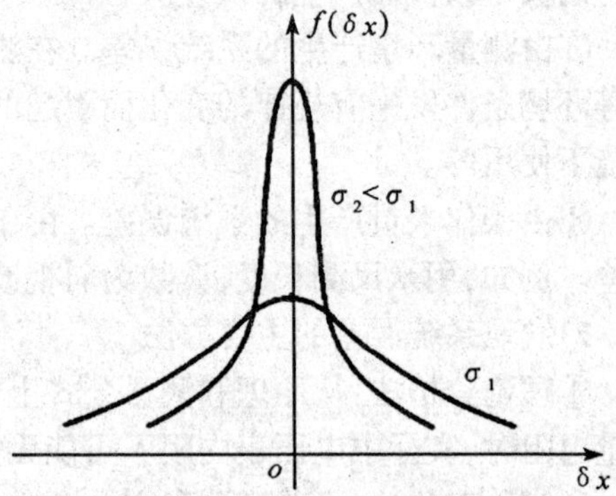


图 5.2.2　$\sigma$ 对 $f(\delta x)$)的影响示意图

为了统计随机误差的概率分布,将概率密度函数在以下区间积分,得到的随机误差在相应区间的概率值分别为

$$P(-\infty,+\infty)=\int_{-\infty}^{+\infty}f(\delta x)\,d(\delta x)=1$$

$$P(-\sigma,+\sigma)=\int_{-\sigma}^{+\sigma}f(\delta x)\,d(\delta x)=68.3\%$$

$$P(-2\sigma,+2\sigma)=\int_{-2\sigma}^{+2\sigma}f(\delta x)\,d(\delta x)=95.4\%$$

$$P(-3\sigma,+3\sigma)=\int_{-3\sigma}^{+3\sigma}f(\delta x)\,d(\delta x)=99.7\%$$

由此可以看出,随机误差落在 $\pm3\sigma$ 之外的概率仅为 0.3%,是正常情况下不应该出现的小概率事件。因此,将 $\pm3\sigma$ 定为误差极限,即 $|\delta x_i|\geqslant3\sigma$ 时,$\delta x_i$ 为错误,不是误差,$x_i$ 不能作为测量值。

从正态分布曲线可以看出,随机误差具有四个重要特性,分别为:

单峰性:由大量重复测量所获得的测量值,是以它们的算术平均值为中心而相对集中分布的。即多次测量时,绝对值小的误差出现的概率比绝对值大的误差出现的概率大。

对称性:绝对值相等的正误差和负误差出现的概率相同,即 $f(\delta x)$ 为偶函数。

有界性：误差的绝对值不会超过某一界限，即绝对值大的误差出现的概率趋于零。随机误差的分布具有有限的范围，即 $|3\sigma|$ 为误差界限。

抵偿性：随着测量次数的增加，随机误差的代数和趋于零，即随机误差的算术平均值将趋于零。实际上，抵偿性可由单峰性及对称性导出。

对随机误差的处理方法是采取多次测量，取算术平均值作为测量结果，以减小随机误差，提高测量精度。

(2)测量列的标准差

高斯方程中的标准差 $\sigma$ 是理论值，只有当测量次数 $n\to\infty$ 时，才趋于高斯分布。在实际测量中，只能进行有限次测量，而有限次测量的随机误差实际服从 $t$ 分布。$t$ 分布曲线较高斯分布曲线稍低且宽，两边较高，但两者形状非常相近，如图 5.2.3 所示。实验中，先用贝赛尔(Bessel)公式计算测量列的标准偏差：

$$s=\sqrt{\frac{1}{n-1}\sum_{i=1}^{n}(x_i-\bar{x})^2} \tag{5.2.6}$$

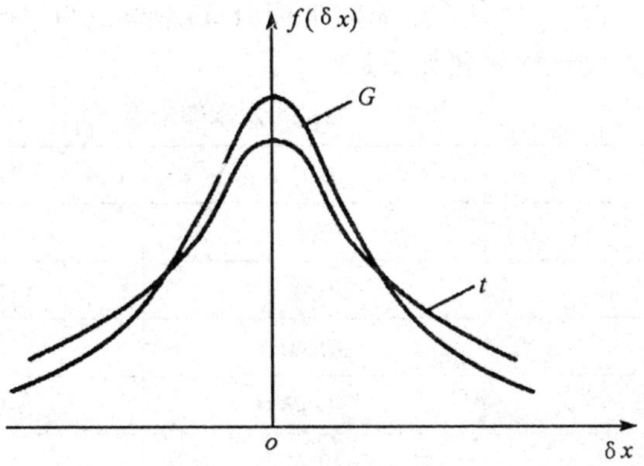


图 5.2.3　$t$ 分布与高斯分布曲线的比较示意图

然后用 $t$ 分布因子对标准偏差进行修正，估算出测量列的标准差：

$$\sigma=s\times t_{0.683} \tag{5.2.7}$$

在选择测量次数时，要注意 $t$ 因子的修正。表 5.2.1 列出了实验中常用的 $t$ 因子。由表可见，$n=6$ 是拐点。当 $n>6$ 时，$t$ 的变化小而缓慢，可取：

$$\sigma\approx s \tag{5.2.8}$$

**表 5.2.1　实验中常用的 $t$ 因子**

| $n$ | 2 | 3 | 4 | 5 | 6 | 7 | 8 | 9 | 10 | 11 | 12 |
|---|---|---|---|---|---|---|---|---|---|---|---|
| $t_{0.683}$ | 1.84 | 1.32 | 1.20 | 1.14 | 1.11 | 1.09 | 1.08 | 1.07 | 1.06 | 1.05 | 1.03 |

(3)平均值的标准差

平均值也是个随机变量，服从正态分布。如果对某被测量 $x$ 进行多组多次等精度测量时，每组测量列的平均值为 $\bar{x}_1$、$\bar{x}_1$、…，不尽相同，只是随机误差已很小，则由最小二乘法可证明，平均值是真值的最佳估计值。因此，实验中只需对被测量进行一组等精度测量。其平均值的标准差为：

$$\sigma_{\bar{x}} = \frac{\sigma}{\sqrt{n}} \tag{5.2.9}$$

3. *粗大误差*

明显地歪曲了测量结果的异常误差称为粗大误差。它是由于没有觉察到实验条件的突变，仪器在非正常状态下工作，无意识的或不正确的操作等因素造成的。含有粗大误差的测量值称为可疑值，或称异常值、坏值。在没有充分依据时，绝不能按主观意愿轻易地去除，应该按照一定的统计准则慎重地予以剔除。

在测量中，若一组等精度测量值中的某值与其他值相差很大，则在处理这类数据时不能计算在内，应予以剔除。具体做法是求出 $\bar{x}$ 和 $\sigma$，作出区间 $x = (\bar{x} - 3\sigma, \bar{x} + 3\sigma)$，则测量列中数据不在此区间内的值都是坏值，应剔除掉，这种方法称为 $3\sigma$ 法则。

**例 1** 对液体温度进行多次等精度测量，测量值分别为 20.42、20.43、20.40、20.43、20.42、20.43、20.39、20.30、20.40、20.43、20.42、20.41、20.39、20.39、20.40。试用 $3\sigma$ 法则检验该测量列中是否有坏值，并计算检验后的平均值及标准差，写出测量结果的表达式。

**解** 实验数据和处理过程如表 5.2.2 所示。

表 5.2.2 测量数据及数据处理

| $i$ | $t$/℃ | $\lvert\delta x\rvert$/℃ |
|---|---|---|
| 1 | 20.42 | 0.016 |
| 2 | 20.43 | 0.026 |
| 3 | 20.40 | 0.004 |
| 4 | 20.43 | 0.026 |
| 5 | 20.42 | 0.016 |
| 6 | 20.43 | 0.026 |
| 7 | 20.39 | 0.014 |
| 8 | 20.30 | 0.104 |
| 9 | 20.40 | 0.004 |
| 10 | 20.43 | 0.023 |
| 11 | 20.42 | 0.016 |
| 12 | 20.41 | 0.006 |
| 13 | 20.39 | 0.014 |
| 14 | 20.39 | 0.014 |
| 15 | 20.40 | 0.004 |
| 平均值 | 20.404 | |

在上表中，计算的中间过程数据可以多取一位。

计算测量列的标准差：$\sigma = 0.03℃, 3\sigma = 0.09℃$。

判断和剔除：

$i = 8$ 时的 $|\delta x| = 0.104 \geqslant 3\sigma$，所以 $t = 20.30℃$ 是坏值，予以剔除。剔除后，$\bar{t} = 20.411℃, \sigma = 0.016℃, 3\sigma = 0.048℃$。经检查，再无坏值。

计算得 $\sigma_{\bar{t}} = 0.004℃$。测量结果表达式：

$$t = (20.411 \pm 0.004)℃$$

## 四、误差与测量结果的关系

为了定性地描述各测量值的重复性及测量结果与其真值的接近程度，常用准确度、精密度、精确度来描述。

(1)准确度

表示测量值或实验所得结果与真值的接近程度。它表征系统误差对测量值的影响。准确度高表示系统误差小，测量值与真值的偏离小，接近真值的程度高。准确度反映系统误差大小的程度。

(2)精密度

表示重复测量各测量值的分散程度，即测量值分布的密集程度。它表征随机误差对测量值的影响。精密度高表示随机误差小，测量重复性好，测量数据比较集中。精密度反映随机误差大小的程度。

(3)精确度

描述各测量值的重复性及测量结果与真值的接近程度，它反映测量中的随机误差和系统误差综合大小的程度。测量精确度高，表示测量结果既精密又准确，数据集中，而且偏离真值小，测量的随机误差和系统误差都比较小。

图 5.2.4 所示是以打靶时弹着点的分布为例，说明准确度、精密度和精确度这三个词的不同涵义。

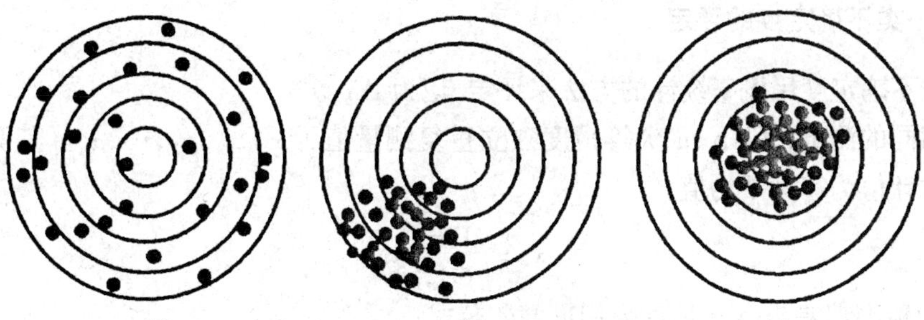


图 5.2.4　准确度、精密度、精确度示意图

由图可知，图 5.2.4(a)准确度低，精密度高；图 5.2.4(b)准确度高，精密度低；图 5.2.4(c)精确度高，既准确又精密。

由于这三个词是定性评价测量结果的，本书不严格区分，均称其为精度。

## 5.3 不确定度

根据国际计量局(BIPM)关于“实验不确定度的规定建议书 INC-1(1980)”的精神，采用不确定度来评价测量结果的精度及可信赖程度。不确定度是说明测量结果的一个物理量，用于表征合理赋予被测量值的分散性。测量不确定度是指由于测量误差的存在而对被测量值不能肯定的程度，它是被测量的真值在某个量值范围内的一个评定。或者说测量不确定度表示测量误差可能出现的范围，它的大小反映了测量结果可信赖程度的高低，不确定度小的测量结果可信赖程度高。不确定度越小，测量结果与真值越接近，测量精度越高。反之，不确定度越大，测量结果与真值越远离，测量精度越低。

### 一、不确定度的含义

不确定度包含了各种不同来源的误差对测量结果的影响，各分量的估算又反映了这部分误差所服从的分布规律。它不再将测量误差分为系统误差和随机误差，而是把可修正的系统误差修正以后，将余下的全部误差分为可以用概率统计方法计算的 $A$ 类评定和用其他非统计方法估算的 $B$ 类评定。若各种不同来源的误差分量彼此独立，则将 $A$ 类和 $B$ 类评定按“方和根”的方法合成可得到合成不确定度。不确定度与给定的置信概率相联系，并且可以求出它的确定值。

不确定度用符号 $\Delta X$ 表示。它由两部分组成：$A$ 类分量 $\Delta X_A$ 和 $B$ 类分量 $\Delta X_B$。“方和根”合成得到的合成不确定度为

$$\Delta X = \sqrt{\Delta X_A + \Delta X_B} \tag{5.3.1}$$

相应的相对不确定度为

$$\frac{\Delta X}{X} \times 100\% \tag{5.3.2}$$

### 二、$A$ 类不确定度的评定

$A$ 类不确定度用概率统计的方法来评定，记为 $\Delta X_A$。

在相同的测量条件下，$n$ 次等精度独立重复测量值为 $x_1, x_2, x_3, \cdots, x_n$。其测量结果的最佳估计值为算术平均值：

$$\bar{x} = \frac{1}{n}\sum_{i=1}^{n} x_i$$

$x_i$ 的标准偏差，$s(x_i)$ 估计采用贝塞尔公式：

$$s(x_i) = \sqrt{\frac{1}{n-1}\sum_{i=1}^{n}(\Delta x_i)^2}$$

平均值 $\bar{x}$ 的实验标准偏差 $\sigma_{\bar{x}}$ 的最佳估计为

$$\sigma_{\bar{x}} = t\frac{s}{\sqrt{n}} = t\sqrt{\frac{\sum_{i=1}^{n}(\Delta x_i)^2}{n(n-1)}} \tag{5.3.3}$$

不确定度的 $A$ 类评定就用 $\sigma_{\bar{x}}$ 表示，即 $\Delta X_A=\sigma_{\bar{x}}$。

## 三、$B$ 类不确定度的评定

在测量中，凡是不符合统计规律的不确定度均应用 $B$ 类不确定度来评定，记为 $\Delta X_B$。在实际工作和生活中，绝大多数测量是一次测量，对一般有刻度的量具和仪表，估计误差在最小分度的1/10～1/5，通常小于仪器的最大允差 $\Delta_{仪}$。所以通常用 $\Delta_{仪}$ 表示一次测量结果的 $B$ 类不确定度，测量值与客观值（所谓的真值）的误差在 $[-\Delta_{仪},+\Delta_{仪}]$ 内的置信概率为100%。

实际上，仪器的误差在 $[-\Delta_{仪},+\Delta_{仪}]$ 内是按一定概率分布的。在相同条件下大批量生产的产品，其质量指标一般服从正态分布。理论分析指出，对于多数仪器，误差服从均匀分布，也有一些仪器服从三角分布。一般而言，$B$ 类不确定度与 $\Delta_{仪}$ 的关系为 $\Delta X_B=\Delta_{仪}/C$（$C$ 称为置信系数）。置信系数与仪器误差分布对应关系如表5.3.1所示。

**表5.3.1　置信系数与误差分布**

| 误差分布 | 三角分布 | 均匀分布 | 正态分布 |
|---|---|---|---|
| 置信系数 $C$ | $\sqrt{6}$ | $\sqrt{3}$ | 3 |

根据概率统计理论，对均匀分布函数，测量误差落在区间 $[-\Delta_{仪},+\Delta_{仪}]$ 内的概率为58%；对三角分布函数，测量误差落在区间 $[-\Delta_{仪},+\Delta_{仪}]$ 内的概率为74%；只有对于正态分布函数，测量误差落在区间 $[-\Delta_{仪},+\Delta_{仪}]$ 内的概率才为68.3%。即测量值的 $B$ 类不确定度与置信概率 $P$ 有关，$\Delta X_B=k_P\dfrac{\Delta_{仪}}{C}$，$k_P$ 称为置信因子。置信概率 $P$ 与 $k_P$ 的关系如表5.3.2所示。

**表5.3.2　正态分布置信概率 $P$ 与 $k_P$ 的关系**

| $P$ | 0.500 | 0.683 | 0.900 | 0.950 | 0.955 | 0.990 | 0.997 |
|---|---|---|---|---|---|---|---|
| $k_P$ | 0.675 | 1 | 1.65 | 1.96 | 2 | 2.58 | 3 |

目前，人们对很多仪器的质量标准在最大允差范围内的分布性质有不同的观点，对某些分布性质还不清楚，很多文献把它们简化成均匀分布来处理。即不确定度的 $B$ 类评定常表示为 $\Delta X_B=\Delta_{仪}/\sqrt{3}$。

## 四、仪器的不确定度

仪器是一种产品，它的不可靠量值应该是不确定度 $\Delta_{仪}$。在测量中会产生未定系统误差，该误差大多服从均匀分布，如图5.3.1所示，即误差大小和符号的概率均相等。

将仪器不确定度 $\Delta_{仪}$ 合成到测量结果的不确定度中为，则 $B$ 类分量：

$$\Delta X_B=\Delta_{仪}/\sqrt{3}\qquad (P=0.683)\tag{5.3.4}$$

仪器不确定度的获得：

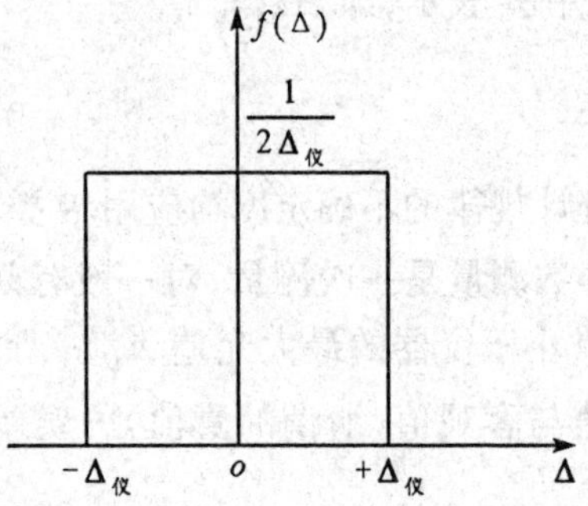


图 5.3.1 均匀分布示意图

(1)由仪器铭牌或说明书给出。

(2)由仪器的准确度等级获得：

$$\Delta_{仪}=\frac{准确度等级\times 量程}{100}$$

仪器的准确度等级由高到低排列为：0.1、0. 2、0.5、1.0、1.5、2.5、5.0 级，共 7 个等级。其中 0.1、0.2 属正态分布，$\Delta X_B=\Delta_{仪}/3$；其余均为均匀分布，$\Delta X_B=\Delta_{仪}/\sqrt{3}$。

(3)估计：

对连续读数的仪器，$\Delta_{仪}=0.5$ 分度值。

对非连续读数的仪器，$\Delta_{仪}=$分度值。

对数字式仪表，$\Delta_{仪}$ 取末位 ± 1 或 ± 2。

注意：分度值就是仪器最小测量单位的量值。例如米尺的分度值是 1mm，电阻箱的最小分度值是 0.1Ω。

### 五、合成不确定度

若 $A$ 类不确定度和 $B$ 类不确定度相互独立，且在同一置信水平，则按“方和根”方法合成得到的合成不确定度$\Delta X$ 为

$$\Delta X=\sqrt{\Delta X_A+\Delta X_B}=\sqrt{\sigma_{\bar{x}}^2+\left(\frac{\Delta_{仪}}{\sqrt{3}}\right)^2}$$

## 5.4 测量结果和不确定度的确定

### 一、单次测量

通常测量都要重复进行多次，以便于提高测量精度。在某些精度要求不高或条件不许可的情况下，只需进行单次测量。在实验中，先重复性测量三次，如果测量值相等，说明测一次就行了，随机误差取零。这样单次测量中不确定度 $A$ 类分量就为零。即

$$\Delta X_A=0\quad \Delta X_B=\Delta_{仪}\big/\sqrt{3}$$

测量结果不确定度如下：

$$\Delta X_B = \Delta_{仪}/\sqrt{3}$$

## 二、多次测量

一般选取测量次数 $n \geqslant 6$，以便于满足 $\sigma \approx S$，简化标准差的计算。数据处理前应该消除掉可定系统误差和剔除掉粗大误差，再进行下面的分析计算：

测量结果：

$$\bar{x} = \frac{1}{n}\sum_{i=1}^{n} x_i$$

不确定度：

$$\Delta X = \sqrt{\Delta X_A + \Delta X_B} = \sqrt{\sigma_{\bar{x}}^2 + \left(\frac{\Delta_{仪}}{\sqrt{3}}\right)^2} \tag{5.4.1}$$

## 三、间接测量

间接测量值是把直接测量的结果代入函数关系式(即测量公式)计算而得到的。由于直接测量有误差，导致间接测量也有误差。间接测量结果的不确定度取决于直接测量结果的不确定度和测量公式的具体形式。分析如下：

被测量的函数关系

$$y = f(x_1, x_2, \cdots, x_n)$$

$x_1, x_2, \cdots, x_n$ 为各自独立的直接测量量。

测量结果：

$$\bar{y} = f(\bar{x}_1, \bar{x}_2, \cdots, \bar{x}_n)$$

间接测量不确定度通过对被测量的函数关系式进行全微分，求出结果的不确定度而得到。为使微分简化，具体分为以下两种形式表示。

(1)当测量公式为和差形式时，$y = f(x_1, x_2, \cdots, x_n)$，直接用微分求不确定度 $\Delta y$。

$$\mathrm{d}y = \frac{\partial f}{\partial x_1}\mathrm{d}x_1 + \frac{\partial f}{\partial x_2}\mathrm{d}x_2 + \cdots + \frac{\partial f}{\partial x_n}\mathrm{d}x_n$$

$$\Delta y = \sqrt{\left(\frac{\partial f}{\partial x_1}\Delta x_1\right)^2 + \left(\frac{\partial f}{\partial x_2}\Delta x_2\right)^2 + \cdots + \left(\frac{\partial f}{\partial x_n}\Delta x_n\right)^2} \tag{5.4.2}$$

(2)当测量公式为乘、除、指数等形式时，对 $y = f(x_1, x_2, \cdots, x_n)$先取对数，再求相对不确定度 $\Delta y/y$。

$$\ln y = f(\ln x_1, \ln x_2, \cdots, \ln x_n)$$

$$\frac{\mathrm{d}y}{y} = \frac{\partial \ln f}{\partial x_1}\mathrm{d}x_1 + \frac{\partial \ln f}{\partial x_2}\mathrm{d}x_2 + \cdots + \frac{\partial \ln f}{\partial x_n}\mathrm{d}x_n$$

$$\frac{\Delta y}{y} = \sqrt{\left(\frac{\partial \ln f}{\partial x_1}\Delta x_1\right)^2 + \left(\frac{\partial \ln f}{\partial x_2}\Delta x_2\right)^2 + \cdots + \left(\frac{\partial \ln f}{\partial x_n}\Delta x_n\right)^2} \tag{5.4.3}$$

## 5.5 数据处理的基本方法

前面已经讨论了测量与误差的基本概念,测量结果的最佳值、误差和不确定度的计算。然而,进行实验的最终目的是为了通过数据的获得和处理,从中揭示出有关物理量的关系,或找出事物的内在规律性,或验证某种理论的正确性,或为以后的实验准备依据。因而,需要对所获得的数据进行正确的处理。数据处理贯穿于从获得原始数据到得出结论的整个实验过程,包括数据记录、整理、计算、作图、分析等方面涉及数据运算的处理方法。常用的数据处理方法有列表法、图示法、图解法、逐差法和最小二乘线性拟合法等,下面分别予以简单讨论。

### 一、列表法

对一个物理量进行多次测量或研究几个量之间的关系时,往往借助于列表法把实验数据列成表格。其优点是,使大量数据表达清晰醒目、条理化、易于检查数据和发现问题、避免差错,同时有助于反映物理量之间的对应关系。所以,设计一个简明醒目、合理美观的数据表格,是每一个同学都要掌握的基本技能。

列表没有统一的格式,但所设计的表格要能充分反映上述优点,应注意以下几点:

(1)各栏目均应注明所记录的物理量的名称(符号)和单位;

(2)栏目的顺序应充分注意数据间的联系和计算顺序,力求简明、齐全、有条理;

(3)表中的原始测量数据应正确反映有效数字,数据不应随便涂改,确实要修改数据时,应将原来数据画条杠以备随时查验;

(4)对于函数关系的数据表格,应按自变量由小到大或由大到小的顺序排列,以便于判断和处理。

### 二、图示法

图线能够直观地表示实验数据间的关系,找出物理规律,因此图解法是数据处理的重要方法之一。图解法处理数据,首先要画出合乎规范的图线,其要点如下:

1. 选择图纸

作图纸有直角坐标纸(即毫米方格纸)、对数坐标纸和极坐标纸等,根据作图需要选择。在物理实验中比较常用的是毫米方格纸。

2. 曲线改直

由于直线最易描绘,且直线方程的两个参数(斜率和截距)也较易算得,所以对于两个变量之间的函数关系为非线性的情形,在用图解法时应尽可能通过变量代换将非线性的函数曲线转变为线性函数的直线。下面为几种常用的变换方法。

(1)$xy=c$($c$ 为常数)。令 $z=\frac{1}{x}$,则 $y=cz$,即 $y$ 与 $z$ 为线性关系。

(2)$x=c\sqrt{y}$($c$ 为常数)。令 $z=x^2$,则 $y=\frac{1}{c^2}z$,即 $y$ 与 $z$ 为线性关系。

(3) $y = ax^b$（$a$ 和 $b$ 为常数）。等式两边取对数得 $\lg y = \lg a + b\lg x$。于是，$\lg y$ 与 $\lg x$ 为线性关系，$b$ 为斜率，$\lg a$ 为截距。

(4) $y = ae^{bx}$（$a$ 和 $b$ 为常数）。等式两边取自然对数得 $\ln y = \ln a + bx$。于是，$\ln y$ 与 $x$ 为线性关系，$b$ 为斜率，$\ln a$ 为截距。

3. 确定坐标比例与标度

合理选择坐标比例是作图法的关键所在。作图时通常以自变量作横坐标（$x$ 轴），因变量作纵坐标（$y$ 轴）。坐标轴确定后，用粗实线在坐标纸上描出坐标轴，并注明坐标轴所代表物理量的符号和单位。

坐标比例是指坐标轴上单位长度(通常为 1cm)所代表的物理量大小。坐标比例的选取应注意以下几点：

(1)原则上做到数据中的可靠数字在图上应是可靠的，即坐标轴上的最小分度(1mm)对应于实验数据的最后一位准确数字。坐标比例选得过大会影响数据的准确度。

(2)坐标比例的选取应以便于读数为原则，常用的比例为“1:1”、“1:2”、“1:5”(包括“1:0.1”，“1:10”，…)，即每厘米分别代表“1、2、5”倍率单位的物理量。切勿采用复杂的比例关系，如“1:3”、“1:7”、“1:9”等。这样不但不易绘图，而且读数困难。

坐标比例确定后，应对坐标轴进行标度，即在坐标轴上均匀地(一般每隔 2cm)标出所代表物理量的整齐数值，标记所用的有效数字位数应与实验数据的有效数字位数相同。标度不一定从零开始，一般用小于实验数据最小值的某一数作为坐标轴的起始点，用大于实验数据最大值的某一数作为终点，这样图纸可以被充分利用。

4. 数据点的标出

实验数据点在图纸上用“+”符号标出，符号的交叉点正是数据点的位置。若在同一张图上作几条实验曲线，各条曲线的实验数据点应该用不同符号(如×、⊙等)标出，以示区别。

5. 曲线的描绘

由实验数据点描绘出平滑的实验曲线，连线要用透明直尺或三角板、曲线板等拟合。根据随机误差理论，实验数据应均匀分布在曲线两侧，与曲线的距离尽可能小。个别偏离曲线较远的点，应检查标点是否错误，若无误表明该点可能是错误数据，在连线时不予考虑。对于仪器仪表的校准曲线和定标曲线，连接时应将相邻的两点连成直线，整个曲线呈折线形状。现在利用计算机绘图，可以很方便地选取最合适的拟合方法。

6. 注解与说明

在图纸上要写明图线的名称、坐标比例及必要的说明(主要指实验条件)，并在恰当地方注明作者姓名、日期等。

7. 直线图解法求待定常数

直线图解法首先是求出斜率和截距，进而得出完整的线性方程。其步骤如下：

(1)选点。在直线上紧靠实验数据两个端点内侧取两点 $A(x_1, y_1)$、$B(x_2, y_2)$，并用不同于实验数据的符号标明，在符号旁边注明其坐标值(注意有效数字)。若选取的两点距离较近,计算斜率时会减少有效数字的位数。这两点既不能在实验数据范围以外取点,因为它已无实验根据,也不能直接使用原始测量数据点计算斜率。

(2)求斜率。设直线方程为 $y = a + bx$,则斜率为

$$b = \frac{y_2 - y_1}{x_2 - x_1} \tag{5.5.1}$$

(3)求截距。截距的计算公式为

$$a = y_1 - bx_1 \tag{5.5.2}$$

**三、逐差法**

当两个变量之间存在线性关系,且自变量为等差级数变化的情况下,用逐差法处理数据,既能充分利用实验数据,又具有减小误差的效果。具体做法是将测量得到的偶数组数据分成前后两组,将对应项分别相减,然后再求平均值。

例如,在弹性限度内,弹簧的伸长量 $x$ 与所受的载荷(拉力)$F$ 满足线性关系:

$$F = kx$$

实验时等差地改变载荷,测得一组实验数据如下表:

表 5.5.1 实验数据

| 砝码质量/kg | 1.000 | 2.000 | 3.000 | 4.000 | 5.000 | 6.000 | 7.000 | 8.000 |
|---|---|---|---|---|---|---|---|---|
| 弹簧伸长位置/cm | $x_1$ | $x_2$ | $x_3$ | $x_4$ | $x_5$ | $x_6$ | $x_7$ | $x_8$ |

求每增加 1kg 砝码弹簧的平均伸长量 $\Delta x$。

若不加思考进行逐项相减,很自然会采用下列公式计算

$$\Delta x = \frac{1}{7}[(x_2 - x_1) + (x_3 - x_2) + \cdots + (x_8 - x_7)] = \frac{1}{7}(x_8 - x_1)$$

结果发现除 $x_1$ 和 $x_8$ 外,其他中间测量值都未用上,它与一次增加 7 个砝码的单次测量等价。若用多项间隔逐差,即将上述数据分成前后两组,前一组($x_1, x_2, x_3, x_4$),后一组($x_5, x_6, x_7, x_8$),然后对应项相减求平均,即

$$\Delta x = \frac{1}{4 \times 4}[(x_5 - x_1) + (x_6 - x_2) + (x_7 - x_3) + (x_8 - x_4)]$$

这样全部测量数据都用上,保持了多次测量的优点,减少了随机误差,计算结果比前面的要准确些。逐差法计算简便,特别是在检查具有线性关系的数据时,可随时"逐差验证",及时发现数据规律或错误数据。

**四、最小二乘法**

由一组实验数据拟合出一条最佳直线,常用的方法是最小二乘法。设物理量 $y$ 和 $x$ 之间的满足线性关系,则函数形式为

$$y = a + bx$$

最小二乘法就是要用实验数据来确定方程中的待定常数 $a$ 和 $b$,即直线的斜率和截距。

下面讨论最简单的情况,即每个测量值都是等精度的,且假定 $x$ 和 $y$ 值中只有 $y$ 有明

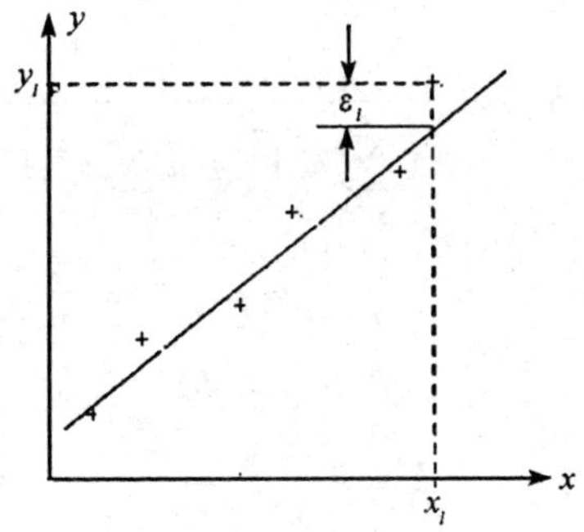


图 5.5.1　$y_i$ 的测量偏差

显的测量随机误差。如果 $x$ 和 $y$ 均有误差，只要把误差相对较小的变量作为 $x$ 即可。由实验测量得到一组数据为 $(x_i, y_i; i = 1, 2, \cdots n)$，其中 $x = x_i$ 对应 $y = y_i$。由于测量总是有误差的，将这些误差归结为 $y_i$ 的测量偏差，并记为 $\varepsilon_1, \varepsilon_2, \cdots, \varepsilon_n$，见图 5.5.1。这样，将实验数据 $(x_i, y_i)$ 代入方程 $y = a + bx$ 后，得到

$$\begin{cases} y_1 - (a + bx_1) = \varepsilon_1 \\ y_2 - (a + bx_2) = \varepsilon_2 \\ \vdots \\ y_n - (a + bx_n) = \varepsilon_n \end{cases}$$

要利用上述的方程组来确定 $a$ 和 $b$，那么 $a$ 和 $b$ 要满足什么要求呢？显然，比较合理的 $a$ 和 $b$ 是使 $\varepsilon_1, \varepsilon_2, \cdots, \varepsilon_n$ 数值上都比较小。但是，每次测量的误差不会相同，反映在 $\varepsilon_1, \varepsilon_2, \cdots, \varepsilon_n$ 大小不一，而且符号也不尽相同。所以只能要求总的偏差最小，即

$$\sum_{i=1}^{n} \varepsilon_i^2 \to \min$$

令

$$S = \sum_{i=1}^{n} \varepsilon_i^2 = \sum_{i=1}^{n} (y_i - a - bx_i)^2$$

使 $S$ 为最小的条件是

$$\frac{\partial S}{\partial a} = 0, \frac{\partial S}{\partial b} = 0, \frac{\partial^2 S}{\partial a^2} > 0, \frac{\partial^2 S}{\partial b^2} > 0$$

由一阶微商为零得

$$\begin{cases} \dfrac{\partial S}{\partial a} = -2\sum_{i=1}^{n} (y_i - a - bx_i) = 0 \\ \dfrac{\partial S}{\partial b} = -2\sum_{i=1}^{n} (y_i - a - bx_i)x_i = 0 \end{cases}$$

解得

$$a = \frac{\sum_{i=1}^{n} x_i \sum_{i=1}^{n} (x_i y_i) - \sum_{i=1}^{n} x_i^2 \sum_{i=1}^{n} y_i}{\left(\sum_{i=1}^{n} x_i\right)^2 - n\sum_{i=1}^{n} x_i^2} \tag{5.5.3}$$

$$b = \frac{\sum_{i=1}^{n} x_i \sum_{i=1}^{n} y_i - n\sum_{i=1}^{n}(x_i y_i)}{\left(\sum_{i=1}^{n} x_i\right)^2 - n\sum_{i=1}^{n} x_i^2} \tag{5.5.4}$$

令 $\bar{x} = \frac{1}{n}\sum_{i=1}^{n} x_i, \bar{y} = \frac{1}{n}\sum_{i=1}^{n} y_i, \bar{x}^2 = \left(\frac{1}{n}\sum_{i=1}^{n} x_i\right)^2, \overline{x^2} = \frac{1}{n}\sum_{i=1}^{n} x_i^2, \overline{xy} = \frac{1}{n}\sum_{i=1}^{n}(x_i y_i)$,则

$$a = \bar{y} - b\bar{x} \tag{5.5.5}$$

$$b = \frac{\bar{x}\cdot\bar{y} - \overline{xy}}{\bar{x}^2 - \overline{x^2}} \tag{5.5.6}$$

如果实验是在已知 $y$ 和 $x$ 满足线性关系下进行的,那么用上述最小二乘法线性拟合(又称一元线性回归)可解得斜率 $a$ 和截距 $b$,从而得出回归方程 $y = a + bx$。如果实验是要通过对 $x$、$y$ 的测量来寻找经验公式,则还应判断由上述一元线性拟合所确定的线性回归方程是否恰当。这可用下列相关系数 $r$ 来判别:

$$r = \frac{\overline{xy} - \bar{x}\cdot\bar{y}}{\sqrt{(\overline{x^2} - \bar{x}^2)(\overline{y^2} - \bar{y}^2)}} \tag{5.5.7}$$

其中 $\bar{y}^2 = \left(\frac{1}{n}\sum_{i=1}^{n} y_i\right)^2, \overline{y^2} = \frac{1}{n}\sum_{i=1}^{n} y_i^2$。

可以证明,$|r|$值总是在 0 和 1 之间。$|r|$值越接近 1,说明实验数据点密集地分布在所拟合的直线的近旁,用线性函数进行回归是合适的。$|r| = 1$ 表示变量 $x$、$y$ 完全线性相关,拟合直线通过全部实验数据点。$|r|$值越小线性越差,一般$|r| \geqslant 0.9$ 时,才可认为两个物理量之间存在较密切的线性关系,此时用最小二乘法直线拟合才有实际意义,见图 5.5.2。

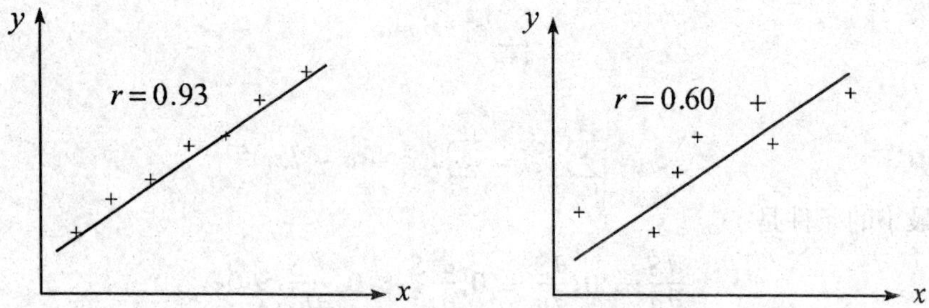


图 5.5.2　相关系数与线性关系

# 参考文献

[1] 傅秦生．热工基础要点与解题．西安:西安交通大学出版社,2006年8月

[2] 傅俊萍．热工理论基础．长沙:湖南师范大学出版社,2005年9月

[3] 周霞萍．工业热工设备及测量．上海:华东理工大学出版社,2007年2月

[4] 景朝晖．热工理论及应用．北京:中国电力出版社,2004年8月

[5] 曹玉璋．实验传热学．北京:国防工业出版社,1998年6月

[6] 张学学．热工基础．北京:高等教育出版社,2006年5月

[7] 汪军,马其良,张振东．工程燃烧学．北京:中国电力出版社,2008年7月

[8] 涂颉,章熙民,李汉炎,林瑞泰．热工实验基础．北京:高等教育出版社,1986年6月

[9] 李平舟,武颖丽,吴兴林．基础物理实验．西安:西安电子科技大学出版社,2007年2月

[10] 刘联胜．燃烧理论与技术．北京:化学工业出版社,2008年6月